찬 CHAN

목차

생각해보면 찬이란 것은

온지음의 두 번째 도서 <찬(Chan)>을 발간하게 되어 기쁘게 생각합니다.

온지음은 '바르고 온전하게 짓는다'는 뜻을 담고, 지난 2013년 전통문화연구소로 첫 발을 내디뎠습니다. 한복을 짓는 옷공방, 한식을 짓는 맛공방, 한옥을 짓는 집공방이 모인 이곳은 전통 의식주 문화를 올바르게 계승하여 오늘의 삶에 유의미한 문화 자산을 만들어나가는 장인들을 양성합니다.

이른바 '생각하는 손'을 지향하는 온지음의 장인들은 단지 한복을 만들고 한식을 차려내고 한옥을 짓는 것에만 그치지 않습니다. 세 공방의 연구원들은 역사, 철학, 건축, 예술 등 폭넓은 주제를 아우르는 인문학을 공부하고 그것들을 통섭하여 동시대를 사는 한국인들의 라이프스타일을 새롭게 제안합니다.

맛공방의 첫 번째 책인 <온지음이 차리는 맛>에서는 전통에 기반하되 오늘날의 감각에 맞는 폭넓은 한식 이야기를 전하며 많은 분의 사랑을 받았습니다. 이번에 선보이는 <찬(Chan)>에서는 한식의 범위를 좀 더 좁혀 반찬에 대해 이야기하려 합니다.

생각해보면 반찬은 별것 아닌 것처럼 보입니다. 식탁의 중심을 차지하는 일품요리는 화려하고 요란한 데 비해 소박하게 담긴 여러 개의 반찬은 때론 볼품없고 어쩔 땐 없어도 그만인 것처럼 느껴집니다. 그래서인지 오늘날의 식탁에서 반찬의 의미는 점점 희미해져 갑니다. 시간에 쫓기는 도시인들의 밥상에서는 일품요리가 여러 가지 반찬을 대신하거나 자극적인 배달 음식이 자리를 차지하는 것이 예삿일이 되었습니다. 밥상의 모습만큼이나 매일의 영양과 음식을 맞는 기쁨 역시 단출해진 건 아닐는지요.

밥, 국, 찬의 조화는 한식의 가장 기본적인 특징이고, 어느 하나 중요하지 않은 것이 없습니다. 밥은 모든 색을 담을 수 있는 하얀 종이처럼 식탁 위의 모든 맛을 포용하고, 국과 찬은 맛을 완성해냅니다. 그러니까 주요리에 곁들이는 반찬이 무엇인지에 따라 식사의 모든 맛이 달라집니다. 예컨대 봄의 전령인 전호를 너비아니와 함께 먹는다면, 전호를 장아찌로 곁들일 땐 간을 맞추는 역할을 하고 샐러드로 낼 때는 육류의 기름기를 잡고 산뜻함을 더해줍니다.

우리의 옛 선조들은 음식 하나를 만들 때도 '약식동원藥食同源'의 의미를 새겼습니다. 모든 음식은 우리 몸에 들어와 약이 되는 것이기에 제철의 좋은 재료를 다양하게 조리해 영양학적으로 조화롭게 준비한 것들을 한 상 안에 두루 펼쳐 놓았습니다. 손님상에 올리는 귀한 찬은 물론 매일 밥상에 올리는 검박한 찬까지도 정성을 들여 조화로움을 추구하는 음식에 대한 철학을 쉽게 발견할 수 있습니다.

온지음 맛공방은 조선 시대 궁중 음식에서 영향을 받은 양반가의 음식인 반가 음식에 뿌리를 두고 재료 본연의 맛을 섬세하게 끌어올리는 여러 가지 반찬에 대한 연구를 이어오고 있습니다. 우리 땅에서 나는 제철 식재료를 찾아 답사를 떠나기도 하고, 곳곳의 음식 명인들을 모셔 잊혀가는 반가의 내림 음식을 배우며 오래된 조리서를 연구해 온지음만의 레시피를 만들어왔습니다. 그렇게 모은 반찬 중에 바쁜 현대인들도 부담 없이 다가갈 수 있는 것들을 선정해 세상에 내보냅니다. 비교적 단순한 조리법으로 만드는 조금 색다른 반찬들입니다.

전통 음식에 기반하면서 이 시대를 살아가는 사람들의 일상에 스며들 수 있는 건강한 일상식, 조화로운 반상의 반찬을 제안합니다.

홍정현 온지음 기획위원

계절을 맞이하는 일

영영 끝나지 않을 것 같던 추위도 언제 그랬냐는 듯 퇴장의 때를 기다리고, 뾰족한 가지만이 서슬 퍼렇던 무채색 세상에도 삐쭉삐쭉 푸른빛이 고개 들어 인사하는 계절, 봄이 왔습니다.
새해가 시작된 날로부터 꽤 시간이 흘렀음에도 이제야 진짜 새로운 세상이 시작됐다고 느껴지는 건 잠들었던 생명이 다시 깨어나기 때문이고 흑백의 세상에 총천연색 새로운 빛깔이 드리우기 때문입니다.

밥상의 달력은 지금부터가 시작입니다. 새싹이 돋아나고 꽃봉오리를 터뜨리는 이때부터 밥상은 계절의 서사를 써 내려갑니다.
언 땅을 뚫고 나온 여린 봄 잎이 첫 번째 순서입니다. 사람들은 으레 뭉뚱그려 봄나물이라 부르는데, 그것들은 사실 저마다의 향기를 지니고 제각각 다른 얼굴을 하고 있습니다. 원추리는 얇고 여린 잎을 꽃처럼 피우고, 씀바귀는 뿌리부터 잎까지 쓴맛으로 무장하고, 두릅은 그의 매력을 어필하는 듯 작은 가시를 품고 있습니다. 그릇에 담긴 봄나물이 하나같이 비슷하게 데치고 무쳐 낸 것일지라도 저마다 개성을 지니고 있다는 걸 맛을 보면 쉬이 알게 됩니다.

벨벳처럼 부드러운 봄바람이 자취를 감추고 태양의 열기가 기승을 부리기 시작하면 세상은 온통 푸르러집니다. 밭에선 상추며 깻잎이며 푸성귀가 무성하게 자라고, 너도나도 해를 맞이하려 넝쿨을 타고 하늘로 올라갑니다. 그러는 사이 주렁주렁 열매들이 여물어갑니다. 고추며 호박이며, 가지며 오이며, 여름 열매들의 매끈한 표면은 햇빛을 받아 더욱 화려하게 반짝입니다. 기특하게도 하나를 따고 나면 다시 차오르고 여물어 단단해지는 열매는 여름 내내 베풀기만 합니다. 한철 밥상에 올리는 반찬만

이라도 걱정일랑 하지 말라 합니다. 덕분에 여름 밥상은 푸성귀와 열매로 가득 차 매일이 풍년입니다.

대지가 무르익을 때면 사방에서 결실을 맺는 소식이 들려옵니다. 땅을 뒤집어 더덕, 도라지, 연근 같은 뿌리채소를 캐고, 산에서는 '잣방울'이 떨어지고 버섯을 땁니다. 여름 열매가 태양의 열기로 자란 것이라면 가을 수확물은 비옥한 땅이 절대적인 비중을 차지합니다. 그래서인지 가을 식재료들엔 독특한 내음이 새겨져 있습니다. 가만히 맡아 보면 약간 맵기도 하고, 왠지 그윽하면서 구수한 것이 꼭 흙냄새 같기도 합니다. 가을 밥상은 대지의 향기로 가득합니다.

모든 생명이 움츠러드는 겨울에도 바다만큼은 역동적입니다. 바다는 차가운 공기를 맞으며 맛이 들고 생명을 키워갑니다. 한창때의 생선과 해조류와 해산물들이 거기서 자라고, 바다는 거친 물결을 부리며 육지로 다가와 거느린 것을 한가득 풀어놓고 갑니다. 그것들이 풍기는 상쾌함과 비릿함으로 식탁은 망망대해, 어느새 드넓은 바다가 됩니다. 입안 가득 파도와 포말이 들어와 스며듭니다.

계절이 바뀌는 동안 식탁의 얼굴도 계절 따라 달라집니다. 엷은 새싹이었다가, 넓적한 푸성귀와 단단한 열매였다가, 뿌리였다가, 짙은 바다로 매번 다른 모양과 향기와 이야기를 담아냅니다. 그러는 사이 우리는 온 계절을 흡수하고 그것으로 한 뼘 더 자라게 됩니다. 그렇게 한 바퀴를 돌아 다시 새로운 계절의 시작을 맞게 되겠지요.

도시의 삶에 익숙해진 우리는 계절을 사뭇 허투루 보냅니다. 춥거나 덥거나 하는 피부에 닿는 변화야 매일 느끼지만 어느 계절에 어떤 생명이 자라고 자연의 어떤 부분이 왕성해지는지 일부러 관심을 두지 않는 한 알 수 있는 기회가 많지 않습니다.

찬을 말하기 전에 계절을 먼저 이야기하는 것은 매일 밥상에 올리는 찬을 통해 한철 자연을 듬뿍 맞이하기를 바라는 마음 때문입니다. 계절의 향과 맛과 기운을 느끼고 몸 구석구석에 담아두기 위한 것입니다. 한창때의 자연은 우리에게 힘을 주고, 그럼으로써 우리의 몸이 자연을 기억하게 할 테니까요. 가까이 가서 눈에 담을 순 없어도 맛으로, 향기로 충분히 느낄 수 있습니다.

찬찬히 보면 매 순간 변하고 자라고 완성됩니다. 자연이, 시간이, 우리가 그렇습니다. 계절을 맞이하는 일은 자연을 즐기는 일이고, 한창의 때를 만끽하는 것이며 우리를 키우는 일입니다. 당신은 지금 어떤 계절을 맞고 있나요.

잎사귀야 반가워

CHAPTER 1

무채색 세상을 뚫고 나온 눈부신 푸른빛

계절의 시작을 알리는 봄 채소로 만든 찬

봄동 메밀전

봄동은 봄나물보다 먼저, 여전히 겨울의 매서움이 남아 있는 이른 봄에 나는 잎채소다.
단맛 좋은 봄동에 구수한 메밀가루를 더하니 참으로 별미다.

재료

봄동 1포기, 메밀가루 • 멸치다시마국물 ⅔컵씩, 밀가루 • 식용유 적당량씩, 소금 약간

만들기

1. 봄동은 포기 안쪽의 연한 잎 위주로 골라 씻은 뒤 물기를 뺀다.
2. 볼에 메밀가루와 멸치다시마국물을 넣고 섞어 메밀 반죽을 만든다.
3. 1의 봄동에 밀가루를 묻혀 털어낸다. 달군 팬에 식용유를 두르고 봄동을 메밀 반죽에 넣었다가 꺼내 팬에 올려 앞뒤로 바삭하게 지진다.

더하기

메밀가루는 미리 반죽한 뒤 여러 번 저어주면 점성이 생겨 전을 부치기에 수월하다.
한겨울 배추나 무로 전을 지져도 단맛 좋은 전을 즐길 수 있다.

*장류를 제외한 모든 레시피는 4인 기준입니다.

봄나물은 향긋하거나 쌉쌀하고, 어떤 것은 꽤 억세기도 하지만 그마저도 반갑다.
봄나물을 무치는 것은 어쩌면 새 계절에 건네는 인사 같은 것이다.

머위나물

머위는 매력적인 쓴맛을 지녔다. 데쳐서 쌈을 싸 먹기도 하고 된장을 넣어 나물을 무쳐도 잘 어울린다.

재료

머위 2줌 분량, 멸치 5~6마리, 된장•멸치다시마국물•들기름•다진 파 1큰술씩, 다진 마늘 1작은술, 소금•깨 약간씩

만들기

1. 머위는 깨끗이 씻어 줄기의 단단한 부분은 잘라낸 다음 끓는 물에 소금을 넣고 데쳐 찬물에 담갔다가 물기를 꼭 짠다.
2. 된장에 멸치다시마국물을 넣어 곱게 풀고 마른 멸치는 잘게 찢어 넣는다.
3. 데친 머위에 2의 된장, 다진 파, 다진 마늘, 들기름을 넣고 조물조물 무친 뒤 모자란 간은 소금으로 맞추고 깨를 뿌려 살짝 무쳐 낸다.

원추리나물

원추리의 어린잎을 데치면 단맛이 살아나 그대로 초고추장에 찍어 먹거나 매콤새콤하게 무쳐 먹기도 한다.

재료

원추리 2줌 분량, 고추장 2큰술, 식초 1큰술, 고춧가루•진간장•다진 파 1작은술씩, 다진 마늘 ½작은술, 소금•깨 약간씩

만들기

1. 끓는 물에 소금을 넣고 원추리를 데친 뒤 찬물에 담갔다 건져 물기를 꼭 짠다.
2. 데친 원추리에 모든 양념 재료를 넣고 버무려 낸다.

부지깽이나물

취나물의 한 종류, 쑥부지깽이라고도 한다. 향이 좋아 어린순을 생으로 먹기도 하고 데친 뒤 말려두었다가 묵나물로 겨우내 밥상에 올리기도 한다.

재료

부지깽이나물 2줌 분량, 청장•다진 마늘 ½작은술씩, 다진 파 1작은술, 참기름 ½큰술, 소금•깨 약간씩

만들기

1. 부지깽이나물은 다듬어 흐르는 물에 씻는다. 끓는 물에 소금을 넣고 부지깽이나물을 데친 뒤 찬물에 담갔다 건져 물기를 꼭 짠다.
2. 데친 부지깽이나물에 양념 재료를 모두 넣고 무쳐 낸다.

전호나물

울릉도에서 나는 전호는 2월부터 싹이 난다. 줄기는 아삭한데 잎은 부드러우며 다른 나물보다 더 짙은 향과 풍미를 지녔다.

재료

전호 2줌 분량, 청장•다진 파 1작은술씩, 다진 마늘 ½작은술, 참기름 ½큰술, 깨•소금 약간씩

만들기

1. 전호는 다듬어 흐르는 물에서 씻는다. 끓는 물에 소금을 넣고 전호를 데친 뒤 찬물에 담갔다 건져 물기를 꼭 짠다.
2. 데친 전호에 양념 재료를 모두 넣고 무쳐 낸다.

벌씀바귀나물

벌씀바귀는 쌉싸래한 맛이 입맛을 돋우는 나물이다. '가시씀바귀'라고도 부르는데, 처음 잎이 나올 땐 작고 연해 생으로 무쳐 먹기도 한다.

재료

벌씀바귀 2줌 분량, 고추장 2큰술, 매실액 1큰술, 꿀•식초 ½큰술씩, 고춧가루 2작은술, 진간장•참기름 1작은술씩

만들기

1. 깨끗이 씻어 물기를 뺀 벌씀바귀에 양념 재료를 모두 넣고 버무려 낸다.

더하기

봄나물이 지닌 맛과 향은 모두 제각각이다. 고추장, 된장, 간장 등 각 나물의 특성과 잘 어울리는 양념을 적절히 사용해 무쳐 밥상에 올리면 봄의 다채로운 맛을 흠뻑 즐길 수 있다.

미나리 장과

'장과'라는 말은 조선의 궁중과 반가에서 주로 사용하던 조리 용어로 오래 저장하지 않고 바로 먹을 수 있는 장아찌를 장과라고 불렀다. 미나리 장과에는 쇠고기와 표고버섯을 더했다.

재료

미나리 1줌 분량, 쇠고기(우둔살) 70g, 말린 표고버섯 3개, 식용유 적당량, 소금•참기름•깨 약간씩

쇠고기•표고버섯 양념 재료

진간장 2작은술, 설탕•다진 파 1작은술씩, 다진 마늘 ½작은술

만들기

1. 깨끗이 손질한 미나리는 잎은 떼고 줄기만 4cm 길이로 썬다. 말린 표고버섯은 물에 담가 불린다.
2. 달군 팬에 식용유를 살짝 두르고 센 불에서 미나리를 볶는다. 이때 물이 생기지 않도록 재빨리 볶으면서 소금 간을 한다.
3. 불린 표고버섯은 물기를 꼭 짠 뒤 가늘게 채 썰고 쇠고기도 비슷한 크기로 채 썬다.
4. 채 썬 쇠고기와 표고버섯에 진간장, 설탕, 다진 파, 다진 마늘을 넣고 버무린 뒤 팬에 볶고 한 김 식힌다.
5. 볼에 2의 미나리와 4의 쇠고기, 표고버섯을 모두 담고 참기름, 깨를 넣고 버무려 낸다.

더하기

미나리 줄기는 뿌리 쪽의 통통한 부분이 더 연해 먹기 좋다. 미나리를 볶을 때는 거의 날것처럼 아작하게 씹히도록 센 불에서 재빨리 볶아야 한다.

죽순 조갯살 나물

대지를 뚫고 올라온 죽순은 10일 정도 되면 먹기 좋게 된다. 아삭아삭 씹히는 식감에 구수한 향이 나서 먹어보면 금세 죽순이란 재료에 매료되고 만다.

재료

죽순 2개, 조갯살 ½컵 분량, 다진 파 • 깨 • 참기름 1큰술씩, 다진 마늘 1작은술, 소금 약간

만들기

1. 냄비에 쌀뜨물과 껍질을 벗긴 죽순을 넣고 40분 정도 삶은 뒤 죽순을 건져 찬물에 3~4시간 담가 아린 맛을 뺀다.
2. 삶은 죽순은 반으로 가르고 빗살을 살려 어슷하게 썬다.
3. 달군 팬에 깨끗이 손질한 조갯살을 넣고 참기름 1/2큰술을 더해 수분이 없어질 때까지 볶는다.
4. 3에 어슷하게 썬 죽순을 넣어 함께 볶고 다진 파, 다진 마늘을 더해 마저 볶는다. 마지막에 소금으로 간을 맞추고 깨와 참기름을 넣어 버무려 낸다.

더하기

갓 나온 죽순은 워낙 아린 맛이 강해 쌀뜨물에 푹 삶아야 한다. 생죽순을 구하기 어려운 시기에는 통조림 죽순을 사용한다.

마늘종 쇠고기 말이

양념한 쇠고기에 아삭한 마늘종을 넣고 돌돌 말아 익힌 고기 요리. 달콤하고 짭짤하게 간이 돼 있어 밥반찬은 물론, 일품요리로도 부족함이 없다.

재료

쇠고기(채끝) 300g, 마늘종 10줄기, 식용유 적당량, 소금 약간

쇠고기 양념 재료

진간장•다진 배•다진 파 1큰술씩, 설탕•다진 마늘•참기름•깨 ½큰술씩, 전분 ½작은술, 소금•후춧가루 약간씩

만들기

1. 쇠고기는 불고기용보다 약간 두껍게 썬 다음 분량의 양념 재료를 넣어 재운다.
2. 마늘종은 4cm 길이로 썰어 끓는 물에 3분 정도 데친 뒤 차가운 물에 재빨리 담갔다 건지고 체에 밭쳐 물기를 뺀다.
3. 달군 팬에 식용유를 두르고 데친 마늘종을 올려 센 불에서 빠르게 볶는다. 이때 소금으로 간한다.
4. 1의 쇠고기를 한 장씩 도마에 펴놓고 볶은 마늘종을 3~4개씩 올린 뒤 돌돌 만다.
5. 달군 팬에 식용유를 살짝 두르고 마늘종 쇠고기 말이를 올려 굽듯이 익힌다.

더하기

쇠고기는 대개 진간장으로 양념하며 고기 부위와 조리법에 따라 간장의 양이 달라진다. 온지음에서는 간장을 적게 넣어 양념과 고기 맛의 균형을 맞추지만 가정에서 조리할 때는 입맛에 따라 간장의 양을 달리할 수 있다.

쑥콩전

솜털같이 연한 쑥의 향은 참으로 우아하다. 해콩을 갈아 함께 부치면 콩의 고소함과 쑥의 우아한 향이 도드라져 좀 더 특별한 전이 된다.

재료

쑥 1줌 분량, 불린 흰콩 1컵 분량, 물•밀가루•식용유 적당량씩, 소금 약간

만들기

1. 연하고 향이 좋은 쑥을 구해 깨끗이 다듬어 씻은 뒤 물기를 뺀다.
2. 흰콩은 하루 전날 물에 담가 불린 뒤 껍질을 벗긴다. 믹서에 불린 흰콩을 넣고 물을 약간 더해 되직하게 간다.
3. 2를 볼에 담고 밀가루와 소금을 넣어 반죽을 만든다.
4. 콩 반죽에 손질한 쑥을 넣어 고루 섞는다. 달군 팬에 식용유를 두르고 반죽을 한 숟가락씩 떠 올려 전을 부친다.

더하기

콩으로만 반죽해 전을 부치면 지질 때 쉬이 부서질 수 있다. 밀가루를 적당량 넣어 재료가 서로 잘 붙을 수 있게 한다. 쑥에 달걀옷이나 밀가루 반죽을 입혀 전을 부칠 수도 있다.

씀바귀 특유의 쓴맛은 무뎌진 입맛을 예민하게 하며 겨울 동안 움츠러든 어깨를 들썩이게 한다.

씀바귀 무침

재료

씀바귀 1줌 분량, 낙지 1마리

고추장 양념 재료

고추장 2큰술, 꿀 • 매실액 • 식초 • 진간장 ½큰술씩, 고춧가루 2작은술, 참기름 1작은술, 다진 마늘 약간

만들기

1. 씀바귀는 찬물에 담가 쓴맛을 약하게 한 다음 먹기 좋은 길이로 썬다.
2. 낙지는 내장을 제거하고 여러 번 씻은 뒤 끓는 물에 1분 30초간 데치고 재빨리 얼음물에 담갔다 건져 물기를 뺀다. 데친 낙지는 3cm 길이로 썬다.
3. 고추장 양념 재료를 모두 넣고 잘 섞은 뒤 썰어둔 씀바귀와 낙지를 넣고 버무려 낸다.

더하기

씀바귀는 물에 담가두면 오래 보관할 수 있고 쓴맛도 덜해진다. 쓴맛이 너무 강하다 싶으면 씀바귀를 데쳐 나물로 무쳐도 좋다.

두릅 새우 튀김

"시월에 두릅의 가지를 베어 더운 방에 두고 따뜻한 물을 주며 키워 봄이 오기 전에 순이 돋게 하여 주안상을 차렸다." <규합총서>(1809년)

예나 지금이나 봄이 간절한 이유는 두릅의 계절이기 때문이다.

재료

두릅 10개, 새우(중하) 5~6마리, 양파 ¼개, 다진 파 • 참기름 1작은술씩, 다진 마늘 • 생강즙 ½작은술씩, 밀가루 • 식용유 • 찹쌀가루 적당량씩, 소금 약간

만들기

1. 두릅은 어리고 연한 것으로 골라 밑동을 자르고 깨끗이 씻어 물기를 뺀다.
2. 새우는 손질해 곱게 다지고, 양파는 잘게 다져 팬에 살짝 볶는다.
3. 볼에 다진 새우와 볶은 양파를 담아 소금 간을 하고 다진 파, 다진 마늘, 생강즙, 참기름을 넣고 버무린다.
4. 손질한 두릅에 밀가루를 고루 묻히고 살살 털어낸 뒤 3의 새우 소를 두릅 잎 사이사이에 채워 넣는다.
5. 팬에 식용유를 넉넉히 붓고 불을 올려 160~165℃가 되면 4의 두릅에 찹쌀가루를 고루 묻혀 바삭하게 튀겨 낸다.

더하기

두릅에 어느 정도 수분이 있어야 찹쌀가루가 잘 붙는다. 기름에 넣고 튀길 때 잎 부분이 바삭하게 튀겨지면 젓가락으로 살짝 들어 두릅 밑동의 두꺼운 부분이 잘 익을 수 있게 한다.

움파 불고기 꼬치

움파는 겨우내 움 속에서 자란 노란 파를 말한다. 조선 시대에는 입춘이 되면 겨우내 자란 움파를 진상했다는 기록이 있을 정도로 봄을 알리는 채소 중 하나로 손꼽히는 재료다. 노랗고 부드럽고 연한 움파는 유난히 달다. 그런 것을 익혔으니 더욱이 사르르 녹아내린다.

재료

쇠고기(등심) 400g, 움파 3대, 묵은지 ¼포기, 실파 3줄기, 식용유 적당량,
실고추•잣가루 약간씩

쇠고기 양념 재료

진간장•다진 파 1½큰술씩, 설탕•다진 배 1큰술씩, 다진 마늘 ⅔작은술,
참기름 ⅔큰술, 깨 ½큰술, 후춧가루 약간

만들기

1. 쇠고기는 2×8cm 정도로 얇고 길게 썬다. 쇠고기 양념 재료를 모두 섞은 양념장에 쇠고기를 넣어 재운다. 이때 양념장은 조금 남겨둔다.
2. 묵은지는 속을 털어내고 깨끗이 씻은 뒤 8cm 길이로 썬다. 움파는 손질해 묵은지와 같은 길이로 썰고 실파는 송송 썬다.
3. 볼에 묵은지와 움파를 넣고 고기를 버무릴 때 남긴 양념장으로 밑간을 한다.
4. 나무 꼬치에 양념에 재운 쇠고기, 묵은지, 움파를 번갈아 꽂는다. 달군 팬에 식용유를 두르고 움파 불고기 꼬치를 앞뒤로 구워 접시에 올린다.
5. 송송 썬 실파와 실고추, 잣가루를 고명으로 올려 낸다.

더하기

움파는 집에서도 키울 수 있다. 대파를 구입해 서늘한 곳에 두고 불투명한 봉지를 씌워 어둡게 하면 노란 움파가 자란다. 끝부분은 약간 쓴맛이 나니 노란 부분만 요리에 쓰는 것이 좋다.

아스파라거스 잡채

굵고 단단한 햇아스파라거스를 가늘게 채 썰어 잡채처럼 즐기는 찬. 고기 구이에 샐러드처럼 곁들이면 더욱 진가를 발휘한다.

재료

아스파라거스 7개, 우엉 ½대, 양파 ¼개, 들기름 • 식용유 • 참기름 적당량씩, 소금 약간

우엉 양념 재료

진간장 ½큰술, 설탕 • 올리고당 1큰술씩, 다진 파 1작은술, 다진 마늘 ½작은술, 참기름 • 소금 약간씩

만들기

1. 아스파라거스는 껍질을 벗긴 뒤 끓는 물에 소금을 넣고 데친 다음 6cm 길이로 잘라 가늘게 채 썬다.
2. 달군 팬에 식용유를 두르고 **채 썬 아스파라거스를 올려 센 불에서 빠르게 볶는다.** 이때 소금 간을 한다.
3. 우엉은 필러로 껍질을 벗기고 어슷하게 썬 다음 가늘게 채 썰어 끓는 물에 넣고 아삭한 식감이 될 때까지 삶아 건져 물기를 뺀다.
4. 팬에 들기름과 식용유를 두르고 우엉채를 볶다가 우엉 양념 재료를 모두 넣고 간이 잘 배도록 볶는다.
5. 양파는 곱게 채 썰어 물에 한 번 헹군 뒤 물기를 빼고 새로운 팬에 식용유를 두르고 볶는다. 먼저 볶은 재료들을 한데 넣어 잘 섞고 소금으로 간을 맞춘 뒤 참기름을 넣어 버무려 낸다.

더하기

아스파라거스는 익힘 정도가 중요하다. 너무 적게 익히면 색이 변하고 너무 많이 익히면 물컹한 식감이 썩 좋지 않다.

주렁주렁 맛이 열렸네

CHAPTER 2

매미 울음소리만큼 대지의 열기가 절정에 달한다
태양의 힘으로 여문 여름 열매로 맛낸 찬

오이 뱃두리

'뱃두리'는 양념과 꿀을 넣어두는 항아리를 뜻하는 우리말. 오이를 간장과 꿀로 조리면 이제까지 경험한 오이와는 완전히 다른 매력을 마주하게 된다.

재료

오이(가는 것) 4개, 쇠고기(우둔살) 100g, 소금 1큰술

쇠고기 양념 재료

진간장•참기름 1작은술씩, 설탕 ½작은술, 다진 파•다진 마늘•후춧가루 약간씩

간장 양념 재료

진간장•물 ½컵씩, 꿀 2큰술, 설탕 1큰술

만들기

1. 오이는 3cm 길이로 썬 다음 중간 깊이로 칼집을 낸다.
2. 손질한 오이에 소금을 고루 뿌리고 1시간 정도 절인 뒤 면포에 싸 물기를 꼭 짠다.
3. 곱게 다진 쇠고기에 분량의 고기 양념 재료를 모두 넣고 잘 버무린 뒤 칼집 낸 곳에 꼭꼭 채워 넣는다.
4. 냄비에 간장 양념 재료를 모두 넣고 약한 불에서 끓이다가 양념이 걸쭉해지고 잔거품이 생기면 3의 오이를 넣고 윤기 있게 조려 낸다.

더하기

오이의 아삭한 맛을 살리기 위해서는 물기를 꼭 짜고, 간장 양념에 넣어 조릴 때는 약한 불에서 서서히 조려야 한다.

토마토 김치

빨간 토마토로 만든 김치는 한국식 샐러드라고 해야 할까, 싱그럽고 시원하고 상큼하다. 토마토와 고춧가루, 멸치 액젓이 꽤나 잘 어울린다.

재료

토마토(작은 것) 6~7개, 양파 ½개, 달래(혹은 영양부추) 30g

양념 재료

고춧가루 2~3큰술, 멸치 액젓•매실액 1큰술씩, 다진 마늘 ½작은술, 생강즙 약간

만들기

1. 토마토는 너무 무르지 않은 것으로 골라 4~6등분한 뒤 껍질을 벗긴다.
2. 양파는 곱게 채 썰어 물에 살짝 헹구고 면포로 닦아 물기를 없앤다.
3. 깨끗이 손질한 달래는 3cm 길이로 자른다.
4. 볼에 손질한 재료를 한데 담고 양념 재료를 모두 넣어 살살 버무려 낸다.

더하기

단단한 토마토를 사용해야 쉽게 물러지지 않는다. 모든 재료를 준비해뒀다가 먹기 직전에 버무리면 물기가 생기지 않아 신선하게 즐길 수 있다.

새우젓만으로 맛을 내는 음식이다. 더운 여름, 불 앞에서 번거롭게 조리할 필요 없이 간편하게 만들어 즐길 수 있는 찬.

애호박 새우젓 찜

재료

애호박 2개, 실파 3줄기, 새우젓 1큰술, 물 1컵, 깨 ½큰술, 소금 약간

만들기

1. 애호박은 1cm 두께로 도톰하게 썬다.
2. 실파는 송송 썰고, 새우젓은 곱게 다진다.
3. 냄비에 애호박을 깔고 애호박이 잠길 정도로 물을 부은 뒤 다진 새우젓, 실파, 깨, 소금을 넣고 애호박이 부드러워질 때까지 익힌다.

더하기

애호박은 너무 무르게 익히지 않아야 한다. 애호박이 반쯤 익었을 때 불을 끄고 뚜껑을 덮어 남은 열로 익혀 완성한다.

월과채

월과는 조선 시대에 식재료로 사용하던 박과의 식물. 현대에는 월과를 구할 수 없어 그것과 비슷한 애호박을 쓴다. 월과채는 부드러운 채소와 쫄깃한 전병의 식감이 만나 즐겁다.

재료

애호박 2개, 표고버섯 4개, 느타리버섯 1줌 분량, 찹쌀가루 1컵, 뜨거운 물 2큰술, 식용유 적당량, 참기름•소금•후춧가루 약간씩

만들기

1. 애호박은 십자 모양으로 4등분해 씨를 제거하고 얇게 어슷썰기한 뒤 소금을 뿌려 10분 정도 절인다. 표고버섯은 얇게 저며 썬다.
2. 달군 팬에 식용유를 두르고 1의 애호박을 볶는다. 저며 썬 표고버섯은 식용유를 두른 팬에 올려 볶다가 소금, 후춧가루로 간을 한 뒤 마지막에 참기름 한 방울을 떨어뜨려 섞는다.
3. 느타리버섯은 3~4등분해 달군 팬에 굽듯이 익힌 뒤 소금 간을 한다.
4. 찹쌀가루에 뜨거운 물을 넣어 익반죽을 한 다음 팬에 식용유를 두르고 반죽을 넓게 펴서 익힌다. 랩 위에 식용유를 바르고 그 위에 찹쌀 전병을 올린 뒤 한 김 식으면 네모 모양으로 썬다.
5. 볼에 먼저 볶은 재료들과 4의 찹쌀 전병을 한데 넣어 섞고 소금으로 간을 맞춘 뒤 참기름을 살짝 넣고 버무려 낸다.

더하기

모든 재료를 한데 버무려도 좋지만 찹쌀 전병 안에 볶은 채소를 넣고 돌돌 만 뒤 썰어 먹어도 좋다.

매끈하고 단단하던 가지를 불에 익히면 한껏 부드러워진다. 수분은 그득하고 단맛은 그윽해진다. 그런 가지 사이에 짭짤한 불고기를 가득 채워 조렸다.

가지 불고기 조림

재료

가지 3개, 쇠고기(우둔살) 200g, 멸치다시마국물 1컵, 청장 2작은술, 전분 1작은술, 식용유 적당량

쇠고기 양념 재료

진간장 2작은술, 맛술•참기름 1큰술씩, 다진 파 ½큰술, 다진 마늘•설탕 1작은술씩, 후춧가루 약간

만들기

1. 가지는 위아래로 1cm 정도 남기고 가운데 부분을 길게 반으로 가른 뒤 김이 오른 찜통에 올려 7분간 찐다.
2. 쇠고기는 가늘게 채 썬 뒤 분량의 고기 양념 재료를 넣고 버무린다.
3. 양념한 쇠고기를 찐 가지의 반 가른 틈에 꼭꼭 채워 넣는다.
4. 달군 팬에 식용유를 두르고 가지를 올려 지진다. 한쪽 면이 익으면 조심히 뒤집은 다음 멸치다시마국물을 넣고 고기와 가지의 맛이 잘 어우러지도록 익힌다.
5. 청장으로 간을 맞추고 어느 정도 졸아들면 전분물을 풀어 마무리한다.

더하기

가지는 들기름을 넉넉히 둘러 지진 뒤 간장 양념을 끼얹어 내기도 하고 껍질을 벗겨 냉국을 만드는 등 다양한 조리법으로 즐길 수 있다.

청장

집에서 담근 간장을 '청장'이라 한다. 국간장, 조선간장, 집간장이라고도 하며 집에서 만든 간장이 없을 경우 시중에서 판매하는 것들로 대체하면 된다.

가지 깻잎 버무리

부드러운 가지와 향기 짙은 깻잎에 새콤한 매실 양념을 더한 가지 깻잎 버무리는 마치 시원하고 상쾌한, 무성한 여름 숲 같다.

재료

가지•연근(작은 것) 1개씩, 깻잎(어린잎) 1줌 분량, 루콜라 약간

매실 양념 재료

매실채 ½큰술, 매실청•식초 1큰술씩, 설탕•다진 양파•올리브유 1작은술씩, 소금 약간

연근 초절임 재료

물•설탕•식초 ½컵씩, 소금 약간

만들기

1. 가늘고 연한 가지를 골라 세로로 반을 가른 뒤 김이 오른 찜통에 7분 정도 찐 다음 냉장고에 넣어 식힌다.
2. 깻잎과 루콜라는 깨끗이 씻어 체에 밭쳐 물기를 뺀다. 연근은 얇게 썬 뒤 끓는 물에 데쳐 건진 다음 볼에 담고 초절임 재료를 한데 넣어 절인다.
3. 매실청을 담갔던 매실을 꺼내 곱게 채 썬다. 매실채에 나머지 매실 양념 재료를 모두 넣고 섞는다.
4. 볼에 찐 가지와 깻잎, 루콜라를 담고 초절임한 연근을 건져 넣은 다음 3의 매실 양념을 넣어 버무려 낸다.

더하기

가지를 찔 때는 타이밍이 중요하다. 덜 익으면 씨 부분의 색이 변하고 너무 익으면 물컹해지기 때문. 보랏빛이 살아 있으면서 부드러운 식감을 내기 위해서는 유심히 지켜보며 때를 잘 맞춰야 한다.

단단했던 고추는 여름의 끝에 이르면 작고 부드러워지는데, 그것을 '애동고추'라 한다. 일 년 중 잠깐 만나는 찰나의 기회는 애동고추의 맛을 더 달콤하게 한다.

애동고추 찜

재료

애동고추 2줌 분량, 홍고추 1개, 밀가루 2큰술

양념장 재료

청장 1큰술, 다진 마늘•들기름•참기름 1작은술씩, 통깨 약간

만들기

1. 애동고추는 깨끗이 씻어 꼭지를 떼고 물기를 뺀 다음 밀가루를 묻히고 김이 오른 찜통에 올려 5분간 찐다.
2. 홍고추는 반을 갈라 씨를 뺀 뒤 곱게 다진다.
3. 양념장 재료를 한데 넣고 잘 섞은 뒤 1의 애동고추와 곱게 다진 홍고추를 넣고 살살 버무려 그릇에 담는다.

더하기

고추를 찔 때 밀가루 대신 찹쌀가루를 묻혀도 좋다. 애동고추는 작고 연해서 조림이나 찜으로 요리하면 더 부드럽게 즐길 수 있다.

사르르 녹는 단호박의 부드러움과 톡톡 터지는 새우의 쫄깃함이 만나 씹을수록 기분이 좋아진다.

재료

단호박 ½개, 새우(중하) 5마리, 물 1컵, 다진 마늘 • 생강즙 • 맛술 1작은술씩, 참기름 • 소금 약간씩

만들기

1. 단호박은 껍질을 벗기고 씨를 제거한 뒤 숭덩숭덩 썬다.
2. 냄비에 단호박을 넣고 물과 다진 마늘, 소금을 더해 조린다.
3. 새우는 껍질을 벗긴다.
4. 단호박이 익으면 새우, 생강즙, 맛술을 넣고 조리다가 마지막에 참기름을 넣고 살짝 섞는다.

더하기

새우는 단호박이 거의 익은 뒤 마무리 단계에서 넣어야 부드러운 육질을 유지할 수 있다. 겨울에는 늙은 호박으로 조림을 해도 잘 어울리며 매콤한 맛을 원할 때는 고추장을 넣고 조려도 좋다.

'치우침이 없이 고르다'는 뜻의 탕평이란 이름처럼 오색 빛깔의 아름다움을 지니고 여러 가지 재료가 고르게 어우러져 조화로운 맛을 내는 음식.

재료

청포묵 1모, 전복 2마리, 애호박•달걀 1개씩, 숙주 2줌 분량, 당근 ½개,
말린 표고버섯 7개, 쇠고기(우둔살) 100g, 대파 1대, 식용유 적당량,
잣가루•참기름•소금 약간씩

표고버섯 양념 재료

진간장•설탕•식초 1큰술씩, 올리고당 약간, 물 ½컵

쇠고기 양념 재료

진간장•참기름 1작은술씩, 설탕 ½작은술, 다진 파•다진 마늘•후춧가루 약간씩

만들기

1. 깨끗이 손질한 전복은 찜통에 올린다. 그 위에 5~6cm 길이로 썬 대파를 올린 다음 뚜껑을 덮어 1시간 30분간 쪄낸다. 찐 전복은 껍데기와 이빨, 내장을 제거하고 포를 뜬 뒤 가늘게 채 썰고 달군 팬에 참기름을 둘러 볶는다.
2. 애호박은 돌려 깎아 가늘게 채 썬 뒤 소금 간을 한다. 약간 숨이 죽으면 달군 팬에 식용유를 두르고 센 불에서 볶아 푸른빛이 돌게 한다.
3. 숙주는 머리와 꼬리를 떼고 끓는 물에 데친 다음 찬물에 재빨리 헹군다.
4. 당근은 5cm길이로 썰어 곱게 채 썬 뒤 달군 팬에 식용유를 두르고 볶는다.
5. 표고버섯은 물에 불린 뒤 채 썰어 달군 팬에 볶다가 진간장을 넣어 간이 배게 하고 설탕, 식초, 올리고당을 넣어 윤기 있게 조린다.
6. 쇠고기는 양념 재료를 모두 넣어 볶는다. 달걀은 흰자와 노른자로 분리해 각각 지단을 부친 뒤 돌돌 말아 곱게 채 썬다.
7. 청포묵은 곱게 채 썰어 데친 뒤 물기를 빼고 소금과 참기름으로 밑간 한다.
8. 준비한 재료를 접시에 담고 잣가루를 뿌려 낸다.

더하기

청포묵은 너무 미리 데쳐놓으면 붇기 때문에 다른 재료를 다 준비해 그릇에 담기 직전에 데치는 것이 좋다. 표고버섯은 갓 부분이 진하고 큰 '동고' 버섯을 사용하면 좋다.

너무 더울 땐 말이야

CHAPTER 3

한 조각 그늘마저 달게 느껴지는 한여름 무더위

입맛 돋우고 기운 북돋워주는 여름 찬

미역찬국

호로록 입안에 들어와 착 감기는 미역은 바다의 청량함을 전해주고, 포슬포슬 볶은 쇠고기는 감칠맛을 더해준다.

재료

건미역 2줌 분량, 쇠고기(우둔살) 70g, 오이 ½개, 물 2컵, 청장 1작은술, 식초 3큰술, 설탕 2큰술, 참기름 적당량, 소금 약간

쇠고기 양념 재료

청장 ½작은술, 다진 마늘•참기름•후춧가루 약간씩

만들기

1. 건미역은 찬물에 담가 불린다. 불은 미역은 진액이 없도록 주물러 씻은 뒤 먹기 좋은 크기로 썰고 달군 팬에 참기름을 두르고 빠르게 볶아 식힌다.
2. 쇠고기는 곱게 다져 쇠고기 양념 재료를 모두 넣고 버무린 다음 달군 팬에 참기름을 두르고 보슬보슬하게 볶아 식힌다.
3. 오이는 깨끗이 씻어 4cm 길이로 자른 뒤 돌려 깎아 가늘게 채 썬다.
4. 볼에 물, 청장, 설탕, 식초를 넣어 섞고 소금으로 간을 맞춘 뒤 냉장고에 넣어 차갑게 한다.
5. 밥상에 내기 직전 깊이 있는 그릇에 볶은 미역과 쇠고기를 차례로 올린 뒤 오이채를 고명으로 얹고 4의 냉국을 부어 낸다.

더하기

미역 대신 연한 가지의 껍질을 벗겨 만들 수도 있으며 찹쌀로 만든 새알심에 고운 고춧가루를 묻혀 색을 내어 넣으면 더 특별한 냉국을 만들 수 있다.

숙주 초나물

옛 조상들은 더운 여름에 숙주, 미나리, 배, 편육을 담아 새콤하게 버무린 초나물을 즐겨 먹었다. 온지음에서는 편육 대신 오이, 쑥갓 등 채소를 더했다.

재료

오이 1개, 숙주 2줌 분량, 쑥갓 1줌 분량, 소금 약간

초 양념 재료

식초 1큰술, 설탕•다진 파 1작은술씩, 다진 마늘 ½작은술, 참기름 약간

만들기

1. 숙주는 머리와 꼬리를 뗀다. 끓는 물에 소금을 넣고 숙주를 데친 뒤 찬물에 헹궈 아삭한 식감을 살린다.
2. 오이는 4cm 길이로 자른 뒤 돌려 깎아 가늘게 채 썰고 찬물에 살살 헹군다.
3. 연한 쑥갓의 잎은 떼어내고 쑥갓대만 끓는 물에 소금을 넣고 데쳐 찬물에 헹군다.
4. 준비한 모든 재료의 물기를 없앤 뒤 볼에 담고 분량의 초 양념 재료를 넣어 버무려 낸다.

더하기

새콤하게 무쳐야 하는 찬인 만큼 다진 파와 다진 마늘은 아주 적게 쓰는 것이 좋다.

항정살 부추 찜

부드러운 항정살을 뜨거운 김으로 익히고 부추를 곁들여 낸다. 특히 부추는 마늘과 함께 손꼽히는 대표적인 강장 식품인 만큼 여름철 기력 보충에 좋다.

재료

돼지고기(항정살) 500g, 부추 1줌 분량, 양파 ½개, 마늘 5쪽, 생강 1개, 홍고추 ¼개, 정종 1큰술, 소금•후춧가루 약간씩

양념 재료

간장 2큰술, 멸치 액젓•꿀 1작은술씩, 올리고당 1큰술, 물 ½컵

만들기

1. 항정살은 소금, 후춧가루로 밑간을 하고 정종을 뿌린다.
2. 양파는 채 썰고 생강은 얇게 어슷썰기해 항정살 위에 올리고 김이 오른 찜통에 올려 20분간 찐다.
3. 쪄낸 항정살을 먹기 좋은 크기로 썬다. 마늘은 편으로 썰고 홍고추는 송송 썬다.
4. 양념 재료를 모두 섞어 팬에 붓고 마늘과 함께 넣고 끓인다. 한 번 끓어오르면 3의 항정살을 넣고 양념을 끼얹으면서 3~4분간 익힌다.
5. 부추는 다듬어 깨끗이 씻은 다음 끓는 물에 살짝 데쳐 5cm 길이로 썬다. 접시에 부추를 담고 4의 고기를 올린 뒤 홍고추를 고명으로 올려 낸다.

더하기

삼겹살, 목살 등 돼지고기를 익힐 때 양파를 넉넉히 올리면 양파의 단맛이 고기의 누린내를 없애주는 역할을 한다. 고기를 지지고 남은 간장 양념에 물을 약간 넣고 끓인 뒤 소스처럼 채소에 두루 끼얹으면 심심한 채소에도 간이 배어 잘 어우러진다.

중국식 오이 초절임

두반장의 매콤한 맛과 초절임의 새콤한 맛이 혀의 모든 감각을 깨우고 무더위에 축 처진 기운을 살려준다.

재료

오이 2개, 마늘 2쪽, 굵은소금 약간

두반장 양념 재료

설탕•식초 2큰술씩, 두반장•고추기름 1큰술씩

만들기

1. 오이는 굵은소금으로 문질러 씻은 뒤 세로로 4등분하고 4cm 길이로 자른 뒤 칼배(칼의 넓은 옆면)를 활용해 오이를 두드려 깬다.
2. 마늘은 칼배로 눌러 깨거나 다진다.
3. 준비한 오이와 마늘에 분량의 두반장 양념 재료를 모두 넣고 고루 섞은 뒤 냉장고에 두었다가 먹기 직전에 꺼내 차게 먹는다.

더하기

오이를 매끄럽게 자를 수도 있지만 자연스럽게 두드려 내면 양념이 잘 배기도 하고 보기에도 멋스럽다.

깻잎 된장 찜

이 반친의 핵심은 멸치다. 짭짤한 된장 찜에 멸치를 더하니 끝 맛이 달고 뒤돌아서면 자꾸 생각이 난다.

재료

깻잎 30장, 멸치(국물용) 8마리

된장 양념 재료

물 4큰술, 된장•참기름 1큰술씩, 맛술•다진 마늘 ½큰술씩

만들기

1. 깻잎은 깨끗이 씻고 멸치는 머리와 내장을 제거한 뒤 잘게 찢는다.
2. 분량의 된장 양념 재료와 1의 멸치를 한데 담아 잘 섞는다.
3. 종이 포일을 깔고 그 위에 깻잎을 2장씩 포개어 올린 뒤 2의 된장 양념을 바른다.
4. 김 오른 찜통에 3의 깻잎을 담은 종이 포일을 통째로 올려 5분간 찐다. 찌는 도중 깻잎의 위아래 위치를 바꿔준다.

더하기

좀 더 정성을 담아 만들고 싶다면 양념에 밤채나 대추채 등을 더해도 좋다. 찌지 않고 팬에 기름을 살짝 두른 뒤 구워 내면 색다른 깻잎 반찬이 된다.

부드럽게 찐 전복에 시원한 배와 향긋한 미나리를 넣고 버무린 찬. 톡톡 터지는 상쾌함도 좋지만 다양하게 씹히는 식감이 가벼운 리듬을 만들어낸다.

재료

전복 3마리, 미나리 5~6줄기, 배 ¼개, 밤•석이버섯 3개씩, 건고추 ½개, 대파 1⅓대

액젓 양념 재료

맑은 멸치 액젓 1큰술, 식초•레몬즙•소금 약간씩

만들기

1. 전복은 솔로 문질러 씻은 뒤 김 오른 찜통에 올린다. 대파 1대를 5~6cm 길이로 썰어 전복 위에 올리고 뚜껑을 덮어 1시간 30분간 쪄낸 다음 껍데기를 떼고 이빨과 내장을 빼낸다. 손질한 전복은 도톰하게 어슷썰기한다.
2. 배는 껍질을 벗기고 한입 크기로 얇게 어슷썰기한다. 밤은 속껍질까지 벗겨 편으로 썰고 미나리는 손질해 3cm 길이로 어슷하게 썰고 대파는 가늘게 채 썬다.
3. 건고추는 반을 갈라 씨를 빼고 자연스러운 모양이 되도록 손으로 찢는다. 석이버섯은 물에 불려 다듬은 뒤 건고추와 비슷하게 찢는다.
4. 볼에 준비한 재료들과 액젓 양념 재료를 모두 넣고 버무린 뒤 그릇에 담아낸다.

더하기

전복 무침은 맑은 액젓을 사용해야 무쳤을 때 재료 본연의 맛과 색을 낼 수 있다. 맑은 액젓이 없을 경우 청장과 소금을 섞어 간을 해도 좋고, 맛있는 새우젓이 있다면 젓국만 이용해 살짝 버무려도 좋다.

해산물 젓국 무침

통영의 어르신께 배운 요리. 통영에서는 해산물에 액젓을 더해 맛을 낸다. 해산물의 신선함에 짭짤한 양념이 더해져 입맛을 깨우는 훌륭한 찬이 된다.

재료

전복 5마리, 갑오징어 1마리, 문어 ½마리, 대파 1대, 녹차(티백) 1개, 청장 1큰술, 무 ¼개, 밀가루 약간

젓국 재료

맑은 멸치 액젓 2큰술, 맛술•물•송송 썬 실파•통깨 1큰술씩, 참기름 ½큰술, 다진 마늘 ½작은술

만들기

1. 전복은 솔로 박박 문질러 씻은 뒤 김 오른 찜통에 올린다. 이때 껍데기가 바닥에 닿게 한다. 대파를 5~6cm 길이로 썰어 전복 위에 올리고 뚜껑을 덮어 1시간 30분간 쪄낸 뒤 껍데기를 떼고 이빨과 내장을 빼낸다.
2. 문어는 내장을 제거하고 미끈거리지 않도록 밀가루로 박박 문지른 뒤 물로 씻어 물기를 뺀다. 문어에 무를 갈아 넣어 30분간 담가둔다.
3. 큰 냄비에 문어가 잠길 만큼 넉넉히 물을 붓고 녹차, 청장을 더해 한소끔 끓인 뒤 2의 문어를 넣고 12분 정도 삶는다.
4. 갑오징어는 내장을 제거하고 껍질을 벗긴 뒤 깨끗이 씻어 물기를 뺀다. 달군 팬에 물을 2~3큰술 넣고 갑오징어를 올려 앞뒤로 눌러가며 익힌다.
5. 준비한 전복, 문어, 갑오징어를 얇게 어슷썰기한다.
6. 분량의 젓국 재료를 한데 넣고 섞어 5의 해산물에 고루 발라 접시에 담는다.

더하기

전복을 오랜 시간 찌는 것이 어렵다면 끓는 물에 껍데기째 넣고 살짝 데쳐 사용해도 좋다. 간 무에 문어를 담가두면 육질이 훨씬 부드러워진다.

도토리묵 오이지 냉국

차가운 도토리묵에 오이지 무침을 더해 새콤하게 맛을 낸 냉국.

재료

도토리묵 1모, 오이지 1개, 청•홍고추 ¼개씩, 대파(흰 부분) 1대 분량

냉국 재료

멸치다시마국물 4컵, 청장 1작은술, 설탕•식초 2큰술씩, 소금 약간

오이지 무침 양념 재료

설탕•참기름•다진 파 1작은술씩, 다진 마늘 ½작은술

만들기

1. 도토리묵은 채 썰고 고추는 송송 썬다. 대파는 3cm 길이로 썰어 가늘게 채 썬다.
2. 오이지는 얇게 썰어 물에 담가 짠맛을 뺀다. 오이지를 건져 물기를 꼭 짜고 무침 양념 재료를 모두 넣어 조물조물 무친다.
3. 분량의 냉국 재료를 섞은 후 냉장 보관한다.
4. 그릇에 도토리묵채, 오이지 무침, 대파채, 고추를 순서대로 올리고 3의 냉국을 부어 완성한다.

더하기

도토리묵 냉국에 오이지 대신 김치를 씻은 뒤 양념해 넣어도 좋다. 냉국의 국물이 진하면 시원한 맛이 덜하니 멸치다시마국물은 맑게 끓이고 간장의 색이 너무 진할 땐 소금으로 간을 맞춰 낸다.

민어 양념 구이

조선의 궁중과 반가에서 민어는 지친 기력을 보완하기 위해 여름에 꼭 먹어야 하는 생선이었다. 민어를 먹고 나면 무더위쯤은 쉬이 이겨낼 만한 것이 됐다.

재료

민어 1마리(손질한 후 400g 정도 사용), 소금•식용유 적당량씩

양념 재료

들기름•맛술•다진 파 1큰술씩, 술 ½큰술,
천리장•다진 마늘•생강즙 1작은술씩, 깨 약간

만들기

1. 민어는 머리를 자르고 내장을 뺀 뒤 도톰하게 포를 뜬다.
2. 민어 포는 소금물에 20분 정도 담갔다가 건져 바람이 잘 통하는 곳에서 1시간 정도 말린 다음 넓게 저민다.
3. 양념 재료를 한데 넣고 섞어 양념장을 만들고 2의 민어를 넣어 조물조물 무친다.
4. 달군 팬에 식용유를 약간 두르고 조심스럽게 다루며 민어를 익힌다.

더하기

생선을 손질한 뒤 소금물에 담그면 간이 배고, 바람에 말리면 생선 살이 단단해져 조리할 때 쉬이 부서지지 않는다.

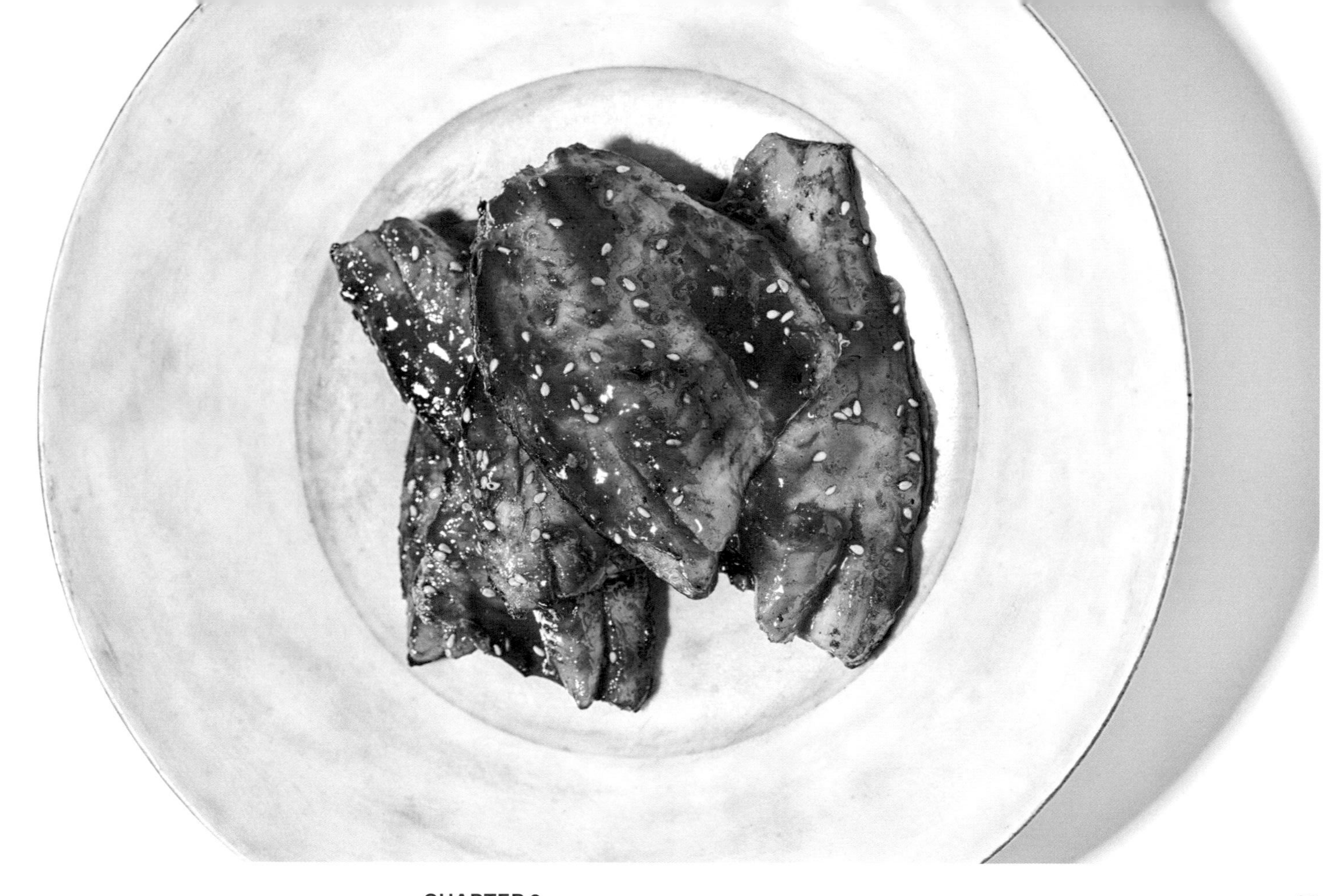

병어 고추장 양념 구이

은백색 병어는 여름에 가장 빛이 난다. 한껏 살이 올라 통통하며 부드럽고 달다.
오래전부터 환자에게 내었다는 병어는 치유의 생선이기도 하다.

재료

병어 3마리, 식용유 적당량

양념 재료

고추장 3큰술, 물 2큰술, 고춧가루 • 간장 • 다진 파 1큰술씩, 다진 마늘 • 설탕 ½큰술씩, 꿀 1작은술, 통깨 약간

만들기

1. 병어는 윤기 있는 싱싱한 것으로 준비한다. 비늘은 긁어내고 머리를 자른 뒤 내장을 제거하고 포를 뜬다
2. 분량의 양념 재료를 모두 섞어 양념장을 만든 뒤 병어 포에 고루 바른다.
3. 석쇠에 종이 포일을 깔고 굽거나 프라이팬에 식용유를 살짝 두르고 구워 낸다.

더하기

병어가 크면 포를 떠서 뼈를 빼고 요리하면 좀 더 쉽게 먹을 수 있지만 작은 병어라면 통째로 조려도 좋다. 조선의 반가에서는 병어를 굵게 채 썰어 배, 마늘, 생강채를 넣고 부드럽게 회로 즐기기도 했다.

흙 맛이 날까

CHAPTER 4

땅속부터 산 깊은 곳까지,
가을 대지는 결실을 맺느라 분주하다
땅의 기운을 품은 뿌리채소와 가을걷이로 내는 찬

더덕나물과 도라지나물

더덕과 도라지는 곱게 채 썰어 나물로 볶으면 흙의 기운은 은은하게 남고 쓴맛은 사그라져 어느새 달고 부드러워진다.

재료

더덕•통도라지 10뿌리씩, 다진 파•다진 마늘•참기름•소금•식용유 약간씩

만들기

1. 더덕과 통도라지는 각각 껍질을 벗기고 어슷하게 썬 뒤 가늘고 곱게 채 썬다.
2. 채 썬 더덕과 도라지는 각각 달군 팬에 식용유를 두르고 약한 불에서 볶으면서 소금으로 간한 뒤 다진 파, 다진 마늘을 넣는다.
3. 볶은 나물에 참기름을 약간씩 넣고 조물조물 무쳐 그릇에 각각 담아낸다.

더하기

더덕을 살 때는 표면에 잔가지가 적으며 곧고 매끄러운 것으로 고른다. 도라지는 채 썬 뒤 소금을 살짝 뿌려 숨을 죽인 다음 볶기 전에 두 번 정도 씻어 쓴맛을 뺀다. 나물을 볶으면서 설탕을 아주 조금 넣으면 도라지의 쓴맛을 좀 더 부드럽게 할 수 있다.

제철에 갓 딴 표고버섯의 향은 진하고, 질감은 마치 고기 같다. 그런 맛과 향 덕분에 표고버섯은 조선의 궁중과 반가에서 쇠고기와 함께 요리에 가장 많이 쓰는 식재료였다.

표고 고추장 구이

재료

표고버섯(작은 것) 20개, 들기름•식용유 적당량씩

고추장 양념 재료

고추장•올리고당 2큰술씩, 물 1큰술, 청장•다진 마늘 ½작은술씩, 다진 파 1작은술

만들기

1. 표고버섯은 기둥을 떼고 달군 팬에 들기름과 식용유를 넉넉히 두른 뒤 앞뒤로 뒤집어 노릇하게 지진다.
2. 볼에 분량의 고추장 양념 재료를 모두 넣고 섞는다.
3. 2에 지진 표고버섯을 넣어 고루 버무리고 달군 팬에 식용유를 두른 뒤 표고버섯을 다시 구워 낸다.

더하기

표고버섯은 작은 것을 사용해야 속까지 기름이 배면서 노릇하게 지질 수 있다. 은은한 불에서 익혀 고추장 양념이 표고버섯에 잘 배도록 한다.

더덕 잣 소스 무침

가을 더덕의 향은 멀리 문밖에서도 알아챌 만큼 깊고 진하다. 향기 좋은 더덕을 고소한 잣 소스로 버무린 찬.

재료

더덕 7개, 잣 ½컵 분량, 배 ¼개, 소금 약간

만들기

1. 더덕은 껍질을 벗기고 방망이로 두들긴 뒤 손으로 찢는다.
2. 잣은 마른 팬에 살짝 볶는다.
3. 배는 껍질을 벗긴 뒤 강판에 갈아 즙을 내고 2큰술은 따로 빼둔다.
4. 믹서에 잣과 배즙을 넣고 곱게 간 다음 볼에 담고 3의 배즙 2큰술과 소금을 더해 간을 한다.
5. 손질한 더덕에 4의 잣 소스를 넣고 버무려 낸다.

더하기

온지음에서는 강원도와 제주도에서 난 더덕을 주로 이용한다. 구이 할 때는 향이 좋고 조직이 단단한 강원도 더덕이 좋고, 생채나 무침, 나물을 할 때는 부드러운 단맛을 지닌 제주도 더덕이 더 잘 어울린다.

도라지 누르미

'누르미'는 도라지, 버섯, 고기 등을 양념해 볶고 녹말을 넣어 걸쭉하게 만든 음식을 말한다. 온지음에서는 녹말을 넣지 않고 산뜻하게 만들어 냈다.

재료

통도라지 5개, 쇠고기(우둔살) 70g, 말린 표고버섯 3개, 배추김치 잎 2장, 당근 ¼개, 대파 ¼대, 진간장•참기름 약간씩, 식용유 적당량

쇠고기•표고버섯 양념 재료

진간장 2작은술, 설탕•다진 파•참기름 1작은술씩, 다진 마늘 ½작은술, 후춧가루•깨 약간씩

만들기

1. 도라지는 껍질을 벗기고 3~4cm 길이로 어슷썰기해 끓는 물에 소금을 넣고 데친 뒤 꼭 짜서 팬에 식용유를 두르고 볶는다.
2. 쇠고기는 저며서 굵게 채 썬 다음 양념해 볶고, 표고버섯은 찬물에 1시간 정도 불린 뒤 물기를 빼고 다른 채소와 비슷한 크기로 굵게 채 썰어 양념해 볶는다.
3. 당근은 4cm 길이로 토막 내 1cm 두께로 썰고 식용유를 두른 팬에 올려 볶는다.
4. 배추김치는 양념을 씻어내고 당근과 같은 크기로 썰어 볶고, 대파는 안쪽의 부드러운 부분만 골라 4~5cm 길이로 썰어 볶는다.
5. 볶은 재료를 모두 모아 팬에 담은 뒤 서로 어우러지게 볶으면서 진간장으로 간을 맞추고 마지막에 참기름을 넣고 섞어 낸다.

더하기

각각의 재료를 볶을 때 밑간을 잘 해두어야 마지막에 한데 넣고 볶았을 때 재료 하나하나의 맛이 잘 살면서 서로 어우러진다.

우엉 & 연근 튀김

영선사 법송 스님께 배운 찬. 우엉을 얇게 썰어 튀김옷 없이 그저 튀겼을 뿐인데 참으로 우아한 요리가 된다. 밥상의 찬은 물론 주전부리로도 좋다.

재료

우엉 ½대, 연근(작은 것) 1개, 식초•청장 2작은술씩, 조청 2큰술, 식용유 적당량, 아몬드•피스타치오 약간씩

만들기

1. 우엉은 솔로 문질러 깨끗이 씻은 뒤 껍질을 벗겨 얇게 어슷썰기하고, 연근도 껍질을 벗겨 얇게 썬다.
2. 써는 도중 색이 변하므로 물에 식초 한 방울을 떨어뜨린 식촛물에 담갔다 건져 물기를 뺀다.
3. 아몬드와 피스타치오는 굵게 다진다.
4. 팬에 식용유를 넉넉히 붓고 165℃가 되면 우엉과 연근을 넣어 바삭하게 튀긴다.
5. 볼에 청장과 조청을 넣어 섞고 튀긴 우엉과 연근을 넣어 버무린 다음 그릇에 담고 3의 견과류를 뿌려 낸다.

더하기

법송 스님은 우엉만 튀겨 냈는데 온지음에서는 연근을 함께 튀겼다. 우엉과 연근은 얇게 썰어 튀기기 때문에 온도가 너무 높으면 금방 타버릴 수 있다. 아몬드와 피스타치오 외에 땅콩, 호두, 잣 등 다양한 견과류를 더하면 좋다.

무나물

무는 일 년 중 가을과 초겨울 사이에 나는 것이 가장 달다. 무나물은 화려한 양념을 하지 않아 한창때의 무가 지닌 깊은 맛을 온전히 느낄 수 있는 찬이다.

재료

무 ½개, 홍합 100g, 다진 파 • 생강즙 1큰술씩, 다진 마늘 • 들기름 1작은술씩, 식용유 • 소금 약간씩

만들기

1. 무는 껍질을 벗기고 5cm 정도 길이로 토막 낸 다음 얇게 저며 썬 뒤 채 썬다.
2. 홍합은 끓는 물에 넣어 삶다가 입이 벌어지면 불을 끈 뒤 살만 발라낸다. 국물은 맑게 거른다.
3. 냄비에 식용유를 두르고 채 썬 무를 볶다가 소금, 다진 파, 다진 마늘, 생강즙을 넣고 약한 불에서 마저 볶는다.
4. 무의 숨이 죽기 시작하면 2의 홍합 살과 홍합 국물 1컵을 넣고 불을 줄인 뒤 뚜껑을 덮어 은은하게 익으면서 간이 배게 한다.
5. 수분이 날아가고 무가 부드럽게 익었을 때 들기름을 넣고 살살 섞어 그릇에 담아낸다.

더하기

나물이나 전에는 비교적 맛이 진한 푸른 쪽의 무를 사용하는 것이 좋다. 삼삼한 무에 홍합살 혹은 조갯살을 더하면 한층 깊은 감칠맛을 낼 수 있다.

잡채는 잔치에 늘 빠지지 않는 음식이다. 갖은 버섯으로 만든 버섯 떡 잡채는 가을에 벌이는 잔치, 가을 향기를 제대로 누리는 호사다.

재료

표고버섯 3개, 말린 느타리버섯 50g, 능이버섯 2개, 쇠고기(우둔살) 70g, 가래떡 1줄, 실파 5줄기, 양파 ½개, 당면 1 줌 분량, 간장•들기름•참기름•소금•깨 약간씩, 식용유 적당량

쇠고기 양념 재료

간장 ⅔작은술, 설탕 ⅓작은술, 다진 파•다진 마늘•참기름•깨•후춧가루 약간씩

만들기

1. 표고버섯은 깨끗이 씻어 기둥을 떼고 1cm 정도 두께로 채 썬 뒤 팬에 식용유를 살짝 두르고 볶는다.
2. 쇠고기는 표고버섯과 같은 두께로 채 썬 뒤 고기 양념 재료를 모두 넣어 무친 다음 식용유를 두른 팬에 볶는다.
3. 느타리버섯은 물을 자작하게 부어 불린 다음 물기를 빼고 소금과 참기름으로 밑간한 뒤 식용유를 두른 팬에 볶는다. 능이버섯은 끓는 물에 살짝 데쳐 물기를 빼고 간장, 들기름으로 양념한 뒤 식용유를 두른 팬에 볶는다.
4. 실파는 3cm 길이로 썰고 양파는 채 썰어 둘 다 식용유를 두른 팬에 볶는다. 떡은 4cm 길이로 썰어 간장과 참기름을 약간 넣고 버무린다.
5. 끓는 물에 간장과 참기름을 약간 넣은 다음 물에 불린 당면을 넣고 익힌 뒤 체에 밭쳐 물기를 뺀다.
6. 달군 팬에 식용유를 두르고 준비한 재료를 한데 모아 한 번 더 볶은 뒤 마지막에 참기름과 깨를 넣어 버무려 낸다.

더하기

느타리버섯은 말린 뒤 요리할 때 불려서 사용하면 쫄깃한 식감이 살아나고 맛도 좋아진다. 말린 느타리버섯을 불릴 때는 물을 아주 조금만 넣어야 버섯 고유의 향과 맛이 빠져나가지 않는다. 능이는 가을철에 잠깐만 나오므로 저장해둔다. 능이의 기둥 끝부분을 조금 자르고 흙을 털어낸 뒤 2~3등분해 냉동 보관해두고 필요한 양만큼 꺼내 끓는 물에 살짝 데쳐 사용하면 좋다. 능이는 독 성분이 약간 있어 얼리지 않은 것도 끓는 물에 데쳐 사용해야 한다.

시금치 된장 무침

바닷바람을 맞고 자란 포항초는 일반 시금치보다 작지만 그만큼 맛과 영양이 응축돼 있다. 가을 끝 무렵의 포항초는 유난히 달고 연하기 때문에 끓는물에 데치기만 해도 요리는 거의 완성된 것이나 마찬가지다.

재료

시금치(포항초) 1단, 참기름 ½큰술, 깨 1작은술, 소금 약간

된장 양념 재료

된장•다진 파 1큰술씩, 멸치(중간 크기) 5~6마리, 물 ¼컵, 다진 마늘 1작은술

만들기

1. 시금치는 밑동을 자르고 깨끗이 씻는다. 소금을 약간 넣고 끓인 물에 시금치를 살짝 데친 뒤 찬물에 재빨리 헹군 다음 물기를 꼭 짠다.
2. 된장은 덩어리가 없게 으깨고 멸치는 머리와 내장을 떼고 잘게 찢는다.
3. 냄비에 된장, 멸치, 물을 넣고 한소끔 끓인 뒤 다진 파, 다진 마늘을 넣는다.
4. 데친 시금치에 3의 된장 양념을 넣고 조물조물 무치다가 참기름, 깨, 소금을 더해 버무려 낸다.

더하기

된장과 멸치, 다진 파, 다진 마늘로 만드는 된장 양념은 한 번에 넉넉히 만들어두면 다양한 나물 무침에 두루두루 활용할 수 있다.

땅콩 전

9월 이후에 나오는 생땅콩은 한 해 동안 맛보는 땅콩 중 가장 고소하고 담백하다. 그런 생땅콩을 갈아 부친 땅콩 전은 바삭하고 씹을수록 고소함이 진해진다.

재료

생땅콩 2컵, 밀가루 2큰술, 식용유 적당량, 물•소금 약간씩

만들기

1. 생땅콩을 끓는 물에 넣어 한 번 끓어오르면 바로 꺼내 껍질을 벗긴다.
2. 믹서에 물과 껍질 벗긴 땅콩을 넣고 되직하게 간다.
3. 볼에 간 땅콩과 밀가루를 넣고 잘 저어 반죽한 뒤 소금으로 간을 한다.
4. 달군 팬에 식용유를 두르고 한 숟가락씩 떠 올려 앞뒤로 노릇하게 지진다.

더하기

땅콩을 믹서에 갈 때는 너무 질어지지 않도록 한다. 땅콩은 변질되기 쉬운 재료이므로 막 수확하는 시기에 생땅콩을 구입하면 신선한 땅콩의 맛을 한껏 즐길 수 있다. 땅콩 전을 만들 때보다 더 묽게 갈아 죽을 끓일 수도 있다.

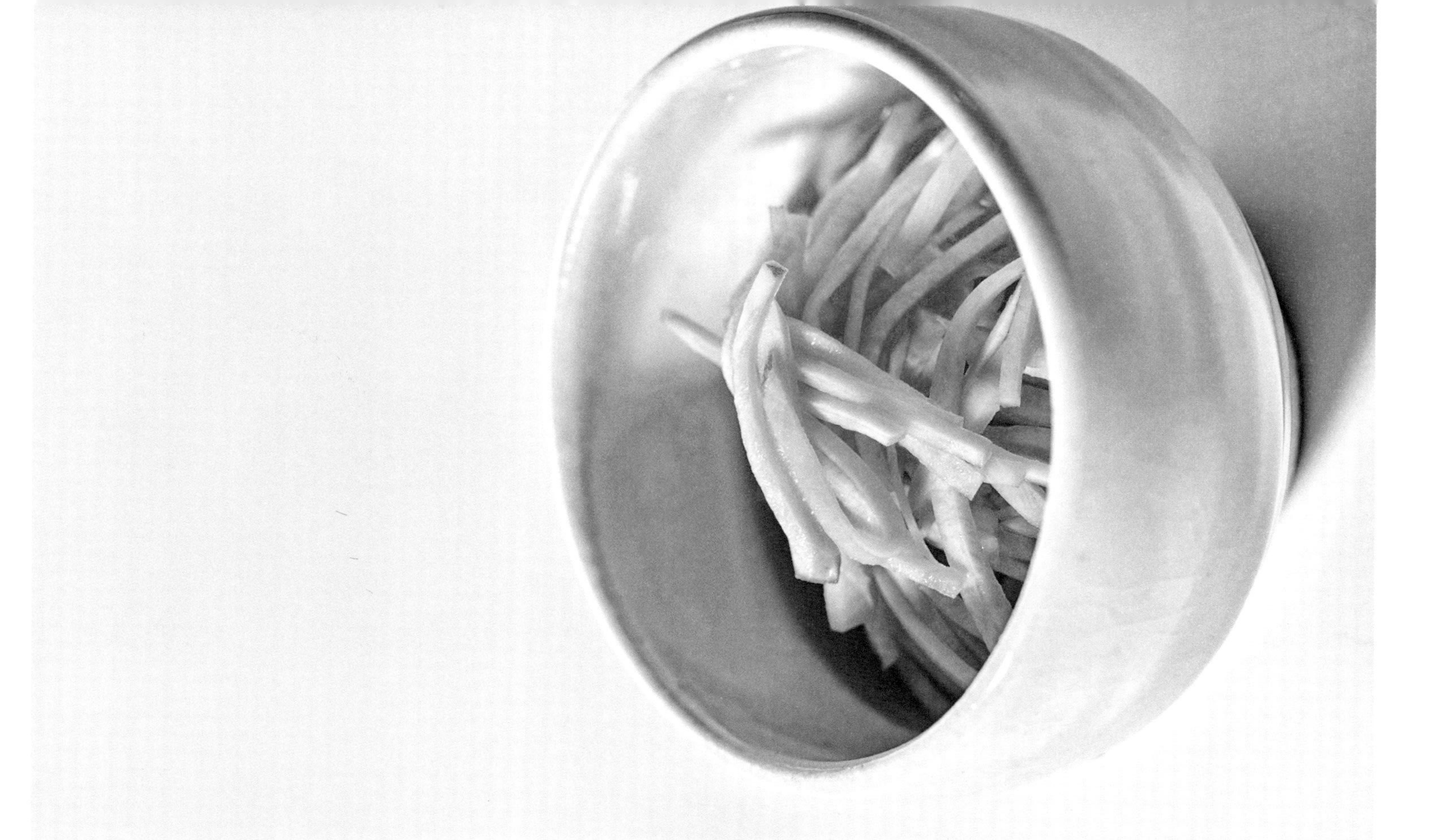

순무 초절임

가을에 한창인 순무는 첫입에 달고 시원하다가 끝에선 톡 쏘는 알싸함이 남는다. 그런 순무를 가늘게 채 썰어 단촛물에 담그면 연한 분홍 물이 우러나와 빛깔도 아름답다.

재료

순무 3개, 물•설탕•식초 3컵씩, 소금 약간

만들기

1. 순무를 얇게 썬 뒤 가늘게 채 썬다.
2. 냄비에 물, 설탕, 소금을 넣고 한소끔 끓인 뒤 불을 끄고 식초를 넣은 다음 식힌다.
3. 저장 용기에 채 썬 순무를 넣고 만들어둔 단촛물을 순무가 잠기도록 부은 다음 냉장고에 넣어 차게 보관한다. 하루 정도 지나면 바로 먹을 수 있다.

더하기

꼭 순무가 아니더라도 연근, 우엉 등 각 계절의 제철 재료를 활용해도 좋다. 재료의 양에 따라 물, 설탕, 식초를 1:1:1 비율로 맞추면 된다.

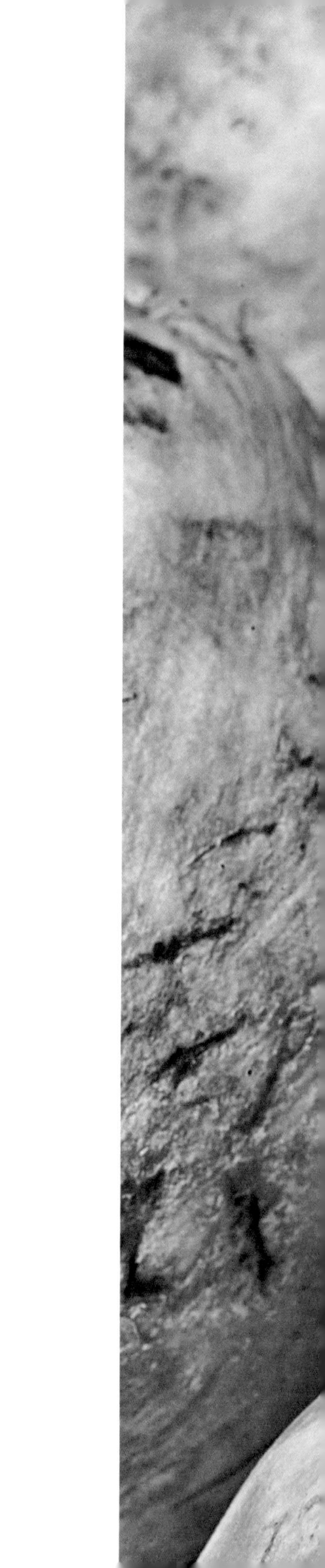

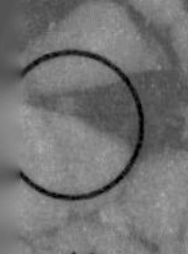

잣가루

궁중과 반가 요리에서 고명으로 가장 많이 쓰는 재료가 잣가루예요. 곱게 낸 잣가루는 멀리까지 고소한 향기를 풍기고, 음식 위에 고르게 뿌려 내면 꼭 첫눈이 내린 것처럼 고와 보는 사람의 마음을 즐겁게 하기도 해요. 구운 고기 위에 깨 대신 잣가루를 고명으로 올려보세요. 깨에서는 느끼지 못하는 고소하고 신선한 산의 향기를 마주할 수 있을 거예요.

재료

통잣

만들기

잣을 마른 거즈로 한 번 닦아낸 뒤 마른 팬에 올려 살짝 볶으세요. 도마 위에 키친타월을 깔고 볶은 잣을 올려 칼날로 곱게 다져요. 잣은 냄새를 잘 흡수하는 성질이 있어 오래 보관하면 좋지 않으니 한꺼번에 많이 구입하는 것보다 필요한 만큼 조금씩 준비하는 것이 좋아요.

잣가루

통잣과 비늘잣은 요리에 고명으로 가장 많이 쓰는 재료가
잣가루예요. 곱게 다진 잣가루는 떡과 과자까지 고소한 향기를
풍기고, 음식 위에 뿌려 내면 잣눈이 내린 것처럼
고운 모습이 아름답게 하지요. 또 도우 ...
위에 깨 대신 잣가루를 고명으로 올려보세요. 깨에서는
느끼지 못하는 고소하고 담백한 잣의 향기를 ... 할 수
있을 거예요.

재료

통잣

만들기

잣을 마른 거즈로 한 번 닦아서 마른 팬에 올려 살짝
볶으세요. 도마 위에 키친타월을 깔고 볶은 잣을 올려
칼날로 곱게 다지세요. 잣은 냄새를 잘 흡수하는 성질이
있어 오래 보관하면 좋지 않으니 한꺼번에 많이 구입하는
것보다 필요한 만큼 조금씩 준비하는 것이 좋아요.

잘게 다진 쇠고기에 갖은양념을 한 뒤 칼로 두드려 얇고 넓게 펴서 구운 것을 '섭산적'이라고 하고, 그것을 다시 장물에 조린 것을 장산적이라 한다. 온지음에서는 장산적에 가을 열매인 잣을 다져 만든 잣가루를 더했다.

장산적

재료

쇠고기(채끝) 300g, 양파 ½개, 식용유 적당량

쇠고기 양념 재료

간장•다진 파•참기름 1큰술씩, 설탕 1작은술, 다진 마늘•깨 ½큰술씩, 잣가루 2큰술, 소금 약간

장물 재료

물 2큰술, 간장•올리고당 1큰술씩, 설탕•꿀 1작은술씩

만들기

1. 쇠고기는 잘게 다진다. 양파는 다져 팬에 노르스름하게 볶는다.
2. 다진 쇠고기에 분량의 양념 재료와 볶은 양파를 더해 잘 섞고 둥글납작하게 빚은 뒤 칼등으로 두드려 편다.
3. 달군 팬에 식용유를 살짝 두르고 2의 쇠고기를 올려 앞뒤로 굽는다.
4. 냄비에 장물 재료를 한데 넣고 한소끔 끓인 뒤 구운 쇠고기를 넣고 장물을 고루 끼얹어가며 약한 불에서 조린다.

더하기

쇠고기를 다질 때 두부, 양파, 버섯 등 다양한 재료를 함께 섞어도 좋다. 옛 조리서에는 섭산적을 구울 때 석쇠에 물을 적신 한지를 감싸 구웠다고 기록돼 있다. 고기를 고루 익히고 육즙을 풍부하게 하기 위한 것이었다.

겨울 바다가 더 아름답다지

CHAPTER 5

모든 생명이 움츠러드는 계절에도
바다는 역동적이다
차가운 바다가 키운 겨울 생선과 해산물로 만든 찬

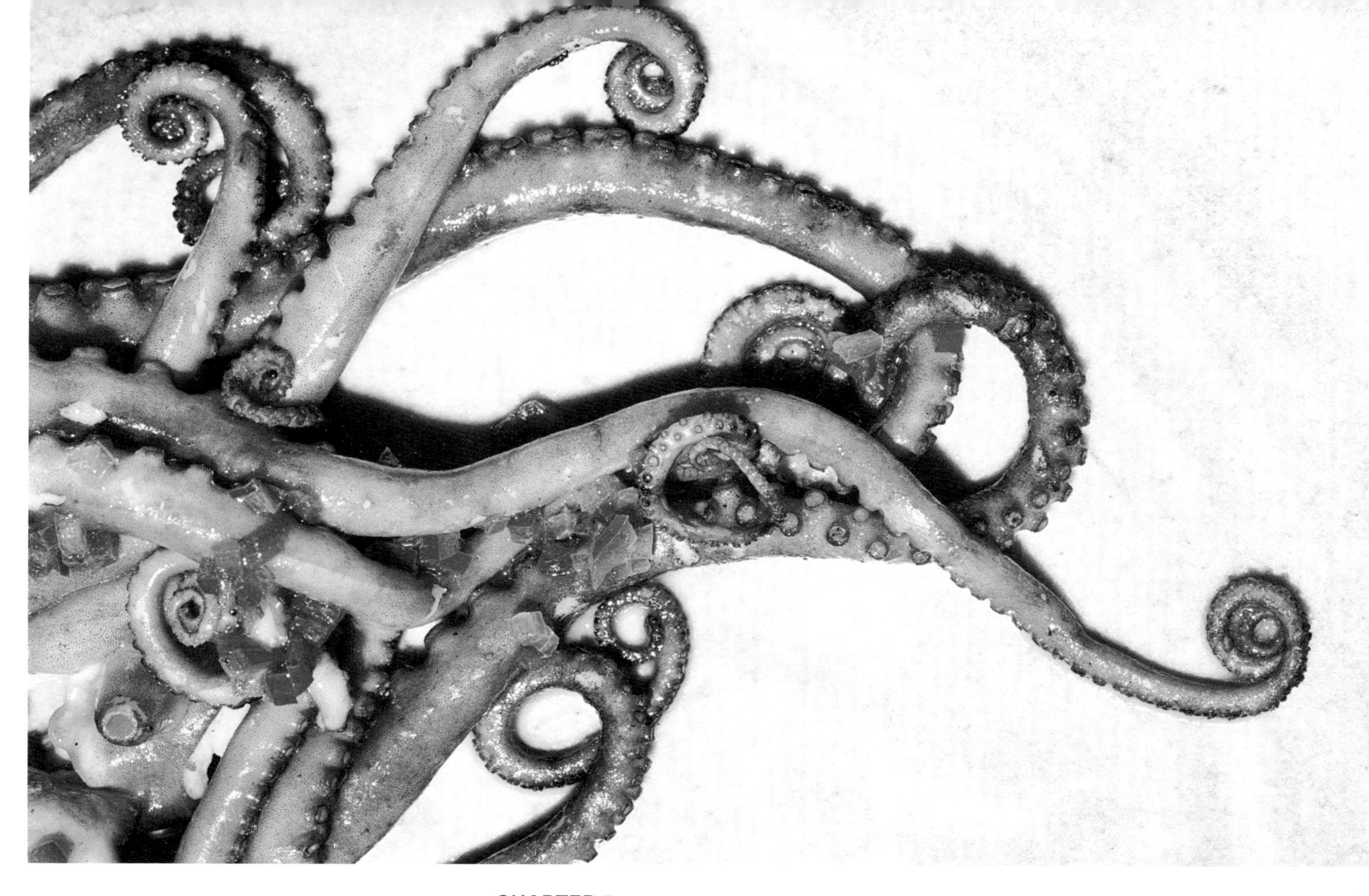

세발낙지 구이

연한 세발낙지에 칼칼한 청양고추를 더해 구워낸 것. 단출한 테이블을 빛내는 주연급 찬으로도 훌륭하지만 술상의 안주로 즐기기에도 좋은 음식이다.

재료

세발낙지 7마리, 청양고추•홍고추 1개씩, 올리브유 3큰술, 소금•후춧가루 약간씩

만들기

1. 세발낙지는 머리 속 내장을 빼고 깨끗이 손질한 뒤 물기를 뺀다.
2. 청양고추와 홍고추는 반을 갈라 씨를 제거하고 곱게 다진다.
3. 세발낙지에 소금, 후춧가루를 뿌려 간하고 올리브유와 다진 고추를 넣고 버무린다.
4. 달군 팬에 3의 낙지를 올려 센 불에서 빠르게 익힌다. 너무 오래 익히지 않아야 연하고 부드러운 세발낙지의 제맛을 살릴 수 있다.

더하기

팬에서 반쯤 익힌 뒤 석쇠에 올려 불 위에서 빠르게 구워 내면 은은한 '불맛'을 더할 수 있다.

해삼 물미역 초무침

겨울철 가장 싱싱한 해삼과 물미역을 함께 버무렸다. 해산물이 풍기는 짭짤하고 시원한 바다의 향기로 어느새 식탁은 광활한 겨울 바다가 된다.

재료

해삼 3마리, 물미역 ½묶음, 대합 2개, 들기름 약간

해삼 밑간 재료

식초 • 진간장 ½큰술씩, 설탕 1작은술

초간장 양념 재료

식초 2큰술, 멸치 액젓 • 참기름 • 설탕 1큰술씩, 다진 마늘 1작은술, 청장 약간

만들기

1. 해삼은 배를 갈라 내장을 제거하고 한입 크기로 얇게 썬 다음 밑간 재료를 넣어 버무린다.
2. 물미역은 찬물에 여러 번 주물러 씻어 진액을 없앤 뒤 3~4cm 길이로 썬다.
3. 대합은 껍데기를 벌려 살을 꺼낸 뒤 내장을 제거하고 곱게 다진다.
4. 달군 팬에 들기름을 두르고 다진 대합을 볶은 뒤 한 김 식힌다.
5. 볼에 해삼과 물미역, 볶은 대합을 넣고 초간장 양념 재료를 모두 넣어 살살 버무려 낸다.

더하기

조갯살을 볶으면 수분이 나온다. 이때 수분이 거의 없어질 때까지 볶아야 다른 재료들과 맛이 잘 어우러진다.

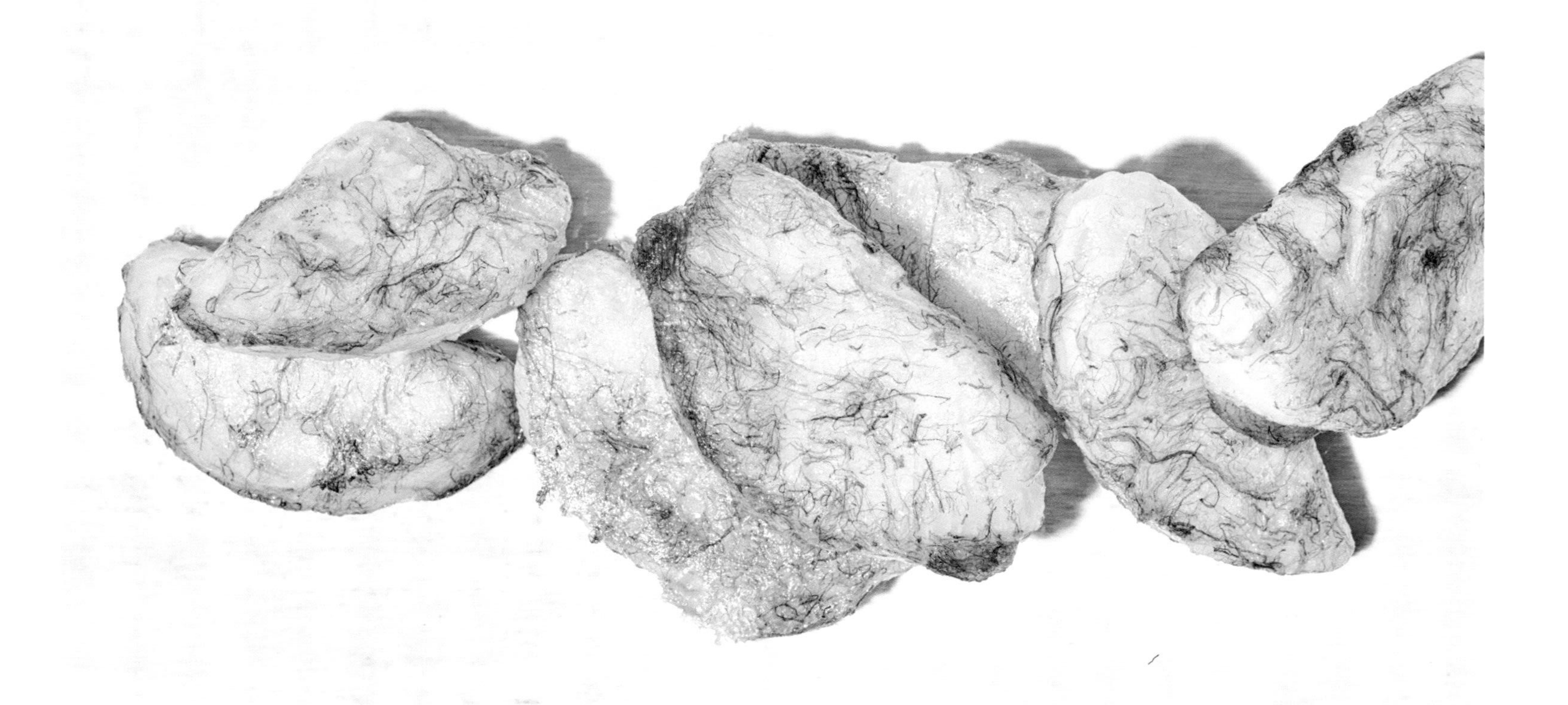

매생이 무전

무는 사르르 녹고 매생이는 바다 내음을 퍼뜨린다. 겨울 바다와 겨울 땅의 양분을 한입 가득 진하게 느낄 수 있는 전이다.

재료

무 ½개, 매생이 ¼컵 분량, 밀가루 1컵, 멸치다시마국물 ⅔컵, 들기름 1큰술, 다진 파 • 생강즙 1작은술씩, 다진 마늘 ½작은술, 소금 약간, 식용유 적당량

만들기

1. 무는 껍질을 벗기고 1.5cm 두께로 도톰하게 썬다.
2. 1의 무에 소금 간을 하고 다진 파, 다진 마늘, 생강즙, 들기름을 넣고 버무린 뒤 김이 오른 찜통에 올려 12분간 찐다.
3. 매생이는 이물질이 없도록 손질해 물에 한 번 씻은 뒤 체에 밭쳐 물기를 뺀다.
4. 볼에 밀가루, 매생이, 멸치다시마국물, 소금을 넣고 잘 섞어 반죽을 만든다.
5. 2의 무에 밀가루를 묻히고 4의 매생이 반죽을 입힌 다음 뜨겁게 달군 팬에 식용유를 두르고 앞뒤로 바삭하게 지져 낸다.

더하기

너무 오래 지지면 매생이의 푸른빛이 누렇게 변하므로 빠른 시간에 바삭하게 지져 내는 것이 중요하다. 반죽이 되직하게 됐을 때는 무를 찌고 남은 국물을 더하면 점도를 맞출 수도 있고 맛을 내는 데도 좋다.

굴 무침

순식간에 입안으로 미끄러져 들어온 굴은 약간만 힘을 줘도 터지는데 그때의 상쾌하고 청량한 느낌이란! 굴 무침은 밋밋한 밥상에 발군의 찬이 되어준다.

재료

굴 2컵 분량, 쪽파 3줄기, 풋고추 2개, 홍고추•생강(작은 것) 1개씩, 마늘 5쪽, 고춧가루•통깨 1큰술씩, 진간장•참기름 ½큰술씩

만들기

1. 굴은 흐르는 물에 헹군 뒤 체에 밭쳐 물기를 뺀다.
2. 풋고추와 홍고추는 반을 갈라 씨를 뺀 뒤 곱게 다지고 쪽파는 송송 썬다.
3. 마늘과 생강은 가늘게 채 썬 뒤 차가운 물로 헹구고 물기는 닦아낸다.
4. 접시에 굴을 올리고 참기름을 뿌린 뒤 다진 풋고추와 홍고추, 송송 썬 쪽파, 마늘채와 생강채, 고춧가루, 통깨를 차례로 올려 담는다.
5. 먹기 직전에 진간장을 뿌리고 재료가 서로 잘 섞이도록 비빈다.

더하기

굴은 수분이 많이 생기지 않게 준비한다. 물기가 많으면 양념이 겉돌아 잘 섞이지 않는다. 손질한 굴은 냉장고에 차갑게 보관한 뒤 먹기 직전에 바로 접시에 올리고 고명을 얹은 다음 식탁에 앉은 사람들이 보는 앞에서 바로 버무리면 볼거리가 되기도 한다.

도루묵 구이

도루묵에 간장 양념을 덧발라 구워 짭짤한 맛을 살린 반찬. 도루묵은 비린내가 잘 나지 않아 조리하기에 그리 어렵지 않은 생선이다.

재료

도루묵 7마리, 식용유•소금 적당량씩

간장 양념 재료

진간장•맛술•참기름 1큰술씩, 다진 파 1작은술, 다진 마늘 ½작은술

만들기

1. 도루묵은 머리를 자르고 내장을 제거한 뒤 소금물(물과 소금의 비율은 10:1)에 20분 정도 담갔다 건진다.
2. 1의 도루묵을 바람이 잘 드는 곳에 두고 3시간 정도 말린다.
3. 간장 양념 재료를 한데 넣고 섞는다.
4. 팬에 식용유를 조금만 두르고 말린 도루묵을 올린 뒤 간장 양념을 앞뒤로 바르며 중간 불에서 굽는다. 틈틈이 간장 양념을 덧발라가며 노릇하게 구워 낸다.

더하기

도루묵을 말리는 것은 생선 살을 단단하게 해 구울 때 쉽게 부서지지 않게 하기 위함이다. 간장 양념은 여러 번 나눠 발라야 간도 잘 배고 윤기 있게 구워져 더 먹음직스럽다.

청어 된장 무침

한껏 지방이 올라 고소하고 진득한 겨울 청어를 된장으로 버무려 낸 것. 짭짤한 밥반찬으로도, 맑고 진한 술의 단짝으로도 좋다.

재료

청어 2마리, 마늘 3쪽, 고수 1줌 분량, 생강•실파•실고추•깨 약간씩

된장 양념 재료

된장 ⅔큰술, 미소 된장•참기름 1작은술씩, 다진 마늘•고추장 ½작은술씩, 맛술 1큰술

고수 겉절이 양념 재료

멸치 액젓 2작은술, 설탕 1작은술, 매실액•식초•고춧가루 ½큰술씩

만들기

1. 청어는 비늘을 벗기고 배를 갈라 내장을 제거한 뒤 포를 뜬다. 포 뜬 청어는 껍질을 벗기고 잔 칼집을 낸 뒤 3cm 정도 크기로 썬다.
2. 마늘과 생강은 가늘게 채 썰고 실파는 송송 썬다.
3. 볼에 분량의 된장 양념 재료를 모두 담아 고루 섞는다.
4. 1의 청어에 된장 양념, 마늘채와 생강채, 송송 썬 실파, 실고추, 깨를 넣고 살살 버무린 뒤 그릇에 담는다.
5. 고수는 잎만 떼고 겉절이 양념 재료를 모두 넣어 무친 뒤 청어 된장 무침에 곁들여 낸다.

더하기

등 푸른 생선과 된장 양념은 참으로 잘 어울린다. 된장 양념을 무칠 때 바로 맛을 보면 약간 삼삼하다는 생각이 들 수도 있는데, 양념한 뒤 생선에 간이 뱄을 때를 고려하면 그 정도가 적당하다.

과메기 조림

청어나 꽁치를 겨울 바닷바람에 말린 것이 과메기다. 차가운 바닷바람에 얼었다가 따스한 볕에 녹았다가 하면서 조직은 쫀득해지고 풍미는 더 짙어진다.

재료

과메기 4개, 표고버섯 3개, 쪽파 3줄기, 참기름•들기름•소금•후춧가루 약간씩

양념 재료

청장•맛술•다진 파 1큰술씩, 설탕 1½큰술, 다진 마늘 2작은술, 멸치 액젓 1작은술, 통깨 약간

만들기

1. 과메기는 5cm 길이로 썰고 표고버섯은 가늘게 채 썬다. 쪽파는 3cm 길이로 썬다.
2. 달군 팬에 참기름을 두르고 과메기를 올려 굽듯이 볶는다. 다른 팬에 들기름을 두르고 채 썬 표고버섯을 노릇하게 볶은 후 소금과 후춧가루로 간을 한다.
3. 새로운 팬에 양념 재료를 모두 넣고 약한 불에서 찬찬히 끓이다가 2의 과메기와 표고버섯을 넣고 살짝 조린다. 마지막에 쪽파를 올려 낸다.

더하기

과메기에 표고버섯을 넣고 함께 조리니 버섯의 향이 더해져 비린 맛이 사그라진다.

단새우장

'단새우'는 원체 색이 붉어 '홍새우'라고도 하고 워낙 달아 단새우라고도 한다. 다른 새우보다 껍질이 얇고 살도 부드러운 단새우에 간장 양념을 더했다.

재료

단새우 500g, 대추 15개, 밤 7개, 쪽파 5줄기, 마늘 5쪽, 생강(작은 것) 1개, 통깨•소금 약간씩

간장물 재료

진간장•물 ½컵씩, 다시마(10×10cm) 1장, 정종•올리고당•고춧가루 3큰술씩, 설탕 2큰술

만들기

1. 단새우는 싱싱한 것으로 골라 머리를 떼고 껍질을 벗긴 다음 연한 소금물에 빠르게 씻은 뒤 물기를 없앤다.
2. 진간장, 물, 정종, 다시마를 냄비에 넣어 약한 불에서 끓이고 팔팔 끓어오르면 다시마는 건져낸다.
3. 밤은 껍질을 벗겨 채 썰고, 대추는 돌려 깎아 씨를 빼고 채 썬다. 마늘과 생강도 곱게 채 썰고 쪽파는 송송 썬다.
4. 2의 간장물이 식으면 설탕, 올리고당, 고춧가루를 넣고 섞은 뒤 3의 재료와 통깨를 넣는다.
5. 손질한 단새우를 볼에 담고 4의 간장 양념장을 넣고 버무려 낸다.

더하기

간장 양념장을 넣어 버무릴 때 단새우 머리를 짜낸 즙도 함께 넣으면 한층 진한 맛이 난다.

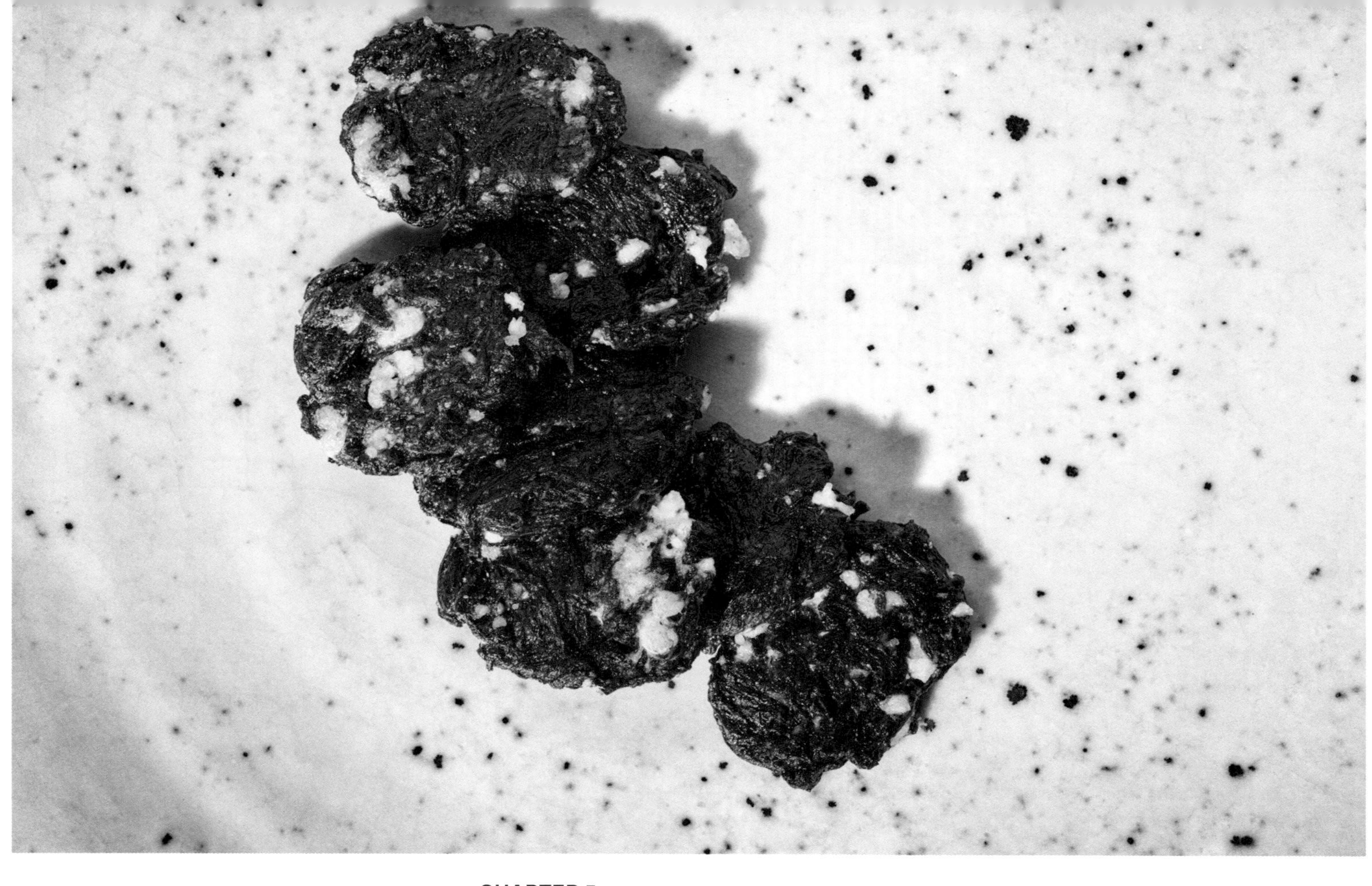

겨울 바다의 향기와 운치를 가득 담고 있는 생김은 겨울 중에도 아주 잠깐 맛볼 수 있는 귀한 재료다.

새우 김전

재료

생김 200g, 단새우 ½컵 분량, 밀가루 1컵, 멸치다시마국물 ⅔컵, 식용유 적당량, 소금 약간

만들기

1. 생김은 이물질이 없게 깨끗이 손질해 물에 한 번 헹군 뒤 체에 밭쳐 물기를 빼고 숭덩숭덩 썬다.
2. 단새우는 껍질을 벗기고 소금물(소금과 물은 10:1 비율)에 살살 씻은 뒤 물기를 없애고 굵게 다진다.
3. 볼에 밀가루와 멸치다시마국물을 넣어 반죽한 뒤 손질한 김과 단새우를 넣고 고루 섞으며 소금으로 간을 맞춘다.
4. 팬에 식용유를 두른 뒤 충분히 달궈지면 반죽을 한 숟가락씩 올려 노릇하게 부쳐 낸다.

더하기

전을 두껍게 부치면 단단하고 질겨지니 동글납작하고 얇게 부친다. 단새우가 없으면 보통 새우 살을 활용해도 좋고 겨울에 싱싱한 생굴을 넣어도 잘 어울린다.

멸치 쪽파 무침

반찬으로 쓰이는 멸치는 으레 설탕에 조려 낼 뿐이었다. 단맛을 내세우지 않고 바삭하고 담백하게 즐길 수 있는, 조금 다른 멸치 반찬.

재료

멸치(중간 크기) 1줌 분량, 쪽파 3줄기, 마른 김 1장, 청장 1/2큰술, 올리고당•참기름 1작은술씩, 다진 마늘 1/2작은술, 생강즙•깨 약간씩

만들기

1. 멸치는 머리와 내장을 제거한 뒤 마른 팬에서 바삭하게 볶는다.
2. 쪽파는 3cm 길이로 썰고 김은 불에 구워 부순다.
3. 볼에 청장, 다진 마늘, 올리고당, 생강즙을 넣고 섞은 뒤 볶은 멸치와 쪽파를 넣어 버무린 다음 그릇에 담는다.
4. 밥상에 내기 직전에 구운 김, 참기름, 깨를 뿌려 낸다.

더하기

멸치 쪽파 무침은 먹기 직전에 무쳐 내야 바삭한 식감은 물론 멸치의 고소한 맛을 잘 살릴 수 있다. 김은 맨 마지막에 뿌리듯 얹어 낸다.

홍합 누르미

홍합 누르미는 홍합에 녹말가루와 찹쌀가루로 옷을 입혀 지진 것. 오래전부터 이어 내려온 반가의 찬이다.

재료

홍합 살 1컵 분량, 전분·찹쌀가루 ½컵씩, 깨·실고추·소금·식용유 약간씩

만들기

1. 홍합 살은 깨끗이 씻어 체에 밭쳐 물기를 뺀 다음 소금을 살짝 뿌려 간하고 나무 꼬치에 5~6개씩 끼운다.
2. 홍합 꼬치에 녹말가루를 넉넉히 묻힌 뒤 털어내고 다시 찹쌀가루를 꾹꾹 눌러 묻혀 김이 오른 찜통에 올려 5분 정도 찐다.
3. 갓 쪄낸 홍합은 식용유를 약간 두른 팬에 올려 노릇하게 지진 후 실고추와 깨를 고명으로 올려 낸다.

더하기

찹쌀가루가 없다면 녹말가루만 넉넉히 묻혀 조리해도 좋다. 홍합 대신 겨울철 알이 크고 싱싱한 굴로 만들어도 잘 어울린다.

해물 튀김 조림

여러 가지 해산물을 곱게 갈아 완자를 빚은 뒤 달콤 짭짤한 양념에 조린 것. 특히 아이들이 좋아하는 찬이다.

재료

오징어 1마리, 새우(중하) 10마리, 달걀 1개, 양파 ⅓개, 전분 1큰술, 맛술•생강즙•다진 파 1작은술씩, 다진 마늘 ½작은술, 소금•통깨 약간씩, 식용유 적당량

조림 양념 재료

진간장•흑설탕 1큰술씩, 다진 마늘 1작은술

만들기

1. 오징어는 내장을 빼고 깨끗이 손질한 뒤 껍질을 벗기고 곱게 다진다.
2. 새우는 머리를 떼고 껍질을 벗긴 뒤 곱게 다진다. 양파는 곱게 다지고 면포에 싸서 물기를 짠다.
3. 볼에 먼저 준비한 재료를 모두 넣고 달걀흰자, 전분, 맛술, 생강즙, 다진 파, 다진 마늘, 소금을 더해 고루 섞는다.
4. 3의 반죽을 동그랗게 완자 모양으로 빚어 달군 팬에 식용유를 두르고 노릇하게 굽는다.
5. 조림 양념 재료를 한데 섞어 4에 붓고 약한 불에서 조린 뒤 통깨를 뿌려 낸다.

더하기

다진 재료들이 너무 굵으면 완자가 잘 뭉쳐지지 않아 모양을 잡기 어려우니 칼질을 여러 번 해 곱게 다져야 한다.

게살 찜

서양식 요리인 달걀흰자 머랭을 더한 조리법. 결대로 찢어지는 보드라운 게살과 고운 머랭의 식감 덕분에 어른과 아이 모두 즐길 수 있는 찬이다.

재료

대게 1마리, 달걀 3개, 두부 ¼모, 양파 ¼개, 소금•식용유 약간씩

만들기

1. 김이 오른 찜기에 대게를 올려 15분간 찐 다음 대게 살을 발라낸다.
2. 양파는 곱게 다진 뒤 면포에 넣고 짜서 물기를 없애고 식용유를 두른 팬에 빠르게 볶는다. 두부는 칼을 눕혀 칼배로 으깬다.
3. 달걀은 흰자만 따로 분리한 뒤 2/3 분량만 거품기로 저어 고운 거품을 낸다. 남은 노른자와 흰자는 각각 지단을 부치고 돌돌 말아 가늘게 채썬다.
4. 대게 살과 볶은 양파, 으깬 두부를 한데 넣어 섞은 뒤 3의 머랭을 넣고 소금 간을 한 다음 게딱지에 눌러 담는다. 이때 대게 살은 조금 남겨둔다.
5. 4를 김이 오른 찜기에 올려 5분간 찐 뒤 접시에 담고 남겨둔 대게 살, 달걀지단을 순서대로 올려 낸다.

더하기

머랭은 대게를 찌기 직전에 친 뒤 반죽에 넣어야 곱고 풍성한 거품을 잘 살릴 수 있다.

오래 두고 보고 싶을 땐

CHAPTER 6

찰나와 같은 재료의 호시절을 붙잡아두는 방법

말린 재료로 만든 찬과 저장해 먹는 찬

청국장 명란 무침

순한 청국장에 부드러운 명란젓을 더한 찬.

재료

명란젓 2~3개, 청국장 3큰술, 실파 2줄기, 참기름 1작은술

만들기

1. 명란젓은 껍질을 벗기고 으깬 뒤 참기름으로 양념한다.
2. 실파는 송송 썬다.
3. 청국장에 으깬 명란과 실파를 넣고 잘 섞어 낸다.

더하기

청국장의 향이 너무 진하게 느껴진다면 청국장 대신 낫토를 사용해도 좋다.

청국장은 콩이 뭉개지지 않고 살아 있는 것으로, 너무 진하지 않고 은은하게 향을 내는 것으로 사용한다.

전복 쇠고기 장조림

반가에서는 쇠고기에 간장을 넣어 조린 것을 '육장'이라 했다. 온지음에서는 육장을 떠올리며 전복에 청장과 꿀을 넣고 새로운 장조림을 만들어보았다.

재료

쇠고기(양지머리) 600g, 전복 5마리, 말린 표고버섯 5개, 다시마 1장, 대파 1대, 꽈리고추 1줌 분량, 통마늘 10쪽, 쇠고기 육수 6컵, 청장 4큰술, 진간장 2큰술, 꿀 약간

만들기

1. 쇠고기는 2시간 정도 물에 담가 핏물을 뺀 뒤 끓는 물에 넣고 한소끔 끓인 다음 꺼낸다.
2. 1의 쇠고기 끓인 물에 말린 표고버섯과 다시마를 넣고 약한 불에서 끓인다. 한 번 끓어오르면 다시마는 건지고 표고버섯은 20분 정도 더 끓여 육수를 낸다.
3. 냄비에 2의 쇠고기 육수를 붓고 끓기 시작하면 1의 쇠고기를 넣어 1시간 30분간 삶아 건진다. 육수는 맑게 거른다.
4. 전복은 솔로 문질러 깨끗이 씻어 김 오른 찜기에 올린다. 전복 위에 대파를 올려 1시간 정도 찐 다음 꺼내 껍데기와 이빨, 내장을 뗀다. 꽈리고추는 깨끗이 씻어 꼭지를 뗀다.
5. 새 냄비에 3의 쇠고기와 육수 6컵, 청장, 진간장을 넣고 약한 불에서 은근하게 끓인다. 국물이 1/3 정도 졸았을 때 4의 전복과 꽈리고추, 통마늘을 넣고 끓인다. 쇠고기와 꽈리고추에 간이 배면 꿀을 넣어 섞고 불에서 내려 식힌다.

더하기

청장은 진간장보다 짠맛이 더 강하고 단맛이 덜하다. 이 때문에 청장으로 만든 장조림의 맛이 익숙지 않을 수도 있지만 오래 두고 먹을 땐 훨씬 담백하고 깔끔하다.

뱅어포 아몬드 조림

작은 물고기인 치어를 여러 마리 붙인 다음 납작하게 말린 뱅어포를 바삭하게 구운 뒤 아몬드와 함께 볶았다.

재료

뱅어포 6장, 아몬드 2큰술 분량, 식용유·참기름 1큰술씩

조림장 재료

매실액 2큰술, 설탕 ⅔큰술, 천리장·올리고당 1큰술씩, 간장 1작은술

만들기

1. 뱅어포는 2×2cm 크기로 썰어 마른 팬에 올려 굽는다.
2. 뱅어포가 어느 정도 바삭해지면 식용유를 뿌려 뱅어포 전체에 기름이 입혀지도록 빠르게 볶는다.
3. 아몬드는 반으로 가른 뒤 마른 팬에서 살짝 볶는다.
4. 새로운 팬에 조림장 재료를 모두 넣고 불을 올려 소스가 끓기 시작하면 구워둔 뱅어포와 아몬드를 넣고 고루 섞어 조린다.
5. 윤기 있게 조려지면 참기름을 넣고 버무려 낸다.

더하기

뱅어포는 얇아서 조리할 때 불이 너무 세면 금방 색이 변하거나 타게 되니 불 조절을 잘해야 한다. 아몬드 외에 호두, 잣 등 다른 견과류를 함께 곁들여도 좋다.

아귀포 무침

꾸덕꾸덕한 아귀포를 살짝 튀긴 뒤 고소하게 무친 것. 아귀포는 어느 정도 간이 되어 있으므로 약간만 밑간을 한 후 잣가루를 넉넉히 넣어 무치면 된다.

재료

아귀포 200g, 진간장 1작은술, 잣가루 3큰술, 식용유 적당량

만들기

1. 아귀포는 먹기 좋은 크기로 자른다.
2. 깊이 있는 팬에 식용유를 넉넉히 부어 불에 올린 뒤 160℃가 되면 아귀포를 넣고 빠르게 튀긴다.
3. 튀긴 아귀포를 볼에 넣고 진간장을 더해 조물조물 무친 뒤 잣가루를 넉넉히 넣고 버무린다.

더하기

아귀포 자체에 간이 있어 뜨거운 기름에 넣으면 금방 타기 때문에 빠르게 튀겨내야 한다. 낮은 온도에서 튀기면 아귀포가 기름을 너무 많이 먹게 되니 주의한다.

부드러운 잔멸치에 말린 크랜베리와 잣, 피스타치오를 더했다. 다채로운 씹는 맛의 향연.

재료

잔멸치 350g, 마늘 5쪽, 풋고추 2개, 생강(작은 것)•홍고추 1개씩, 식용유 4큰술, 들기름 3큰술, 잣 2큰술, 참기름•통깨 1큰술씩, 피스타치오 1줌 분량, 말린 크랜베리 약간

양념 재료

간장 2작은술, 설탕 1큰술, 올리고당 3큰술

만들기

1. 마른 팬에 멸치를 5분 정도 볶은 후 식힌다.
2. 마늘은 저며 썰고 생강은 껍질을 벗겨 강판에 갈아 즙을 낸다. 홍고추와 풋고추는 송송 썬다. 피스타치오는 껍질을 벗기고 반으로 가른다.
3. 달군 팬에 식용유와 들기름을 두르고 저며 썬 마늘을 넣고 색이 나도록 볶은 뒤 송송 썬 고추를 더해 볶은 다음 멸치를 넣고 마저 볶는다.
4. 멸치를 볶다가 간장, 설탕, 2의 생강즙, 올리고당을 넣어 볶은 뒤 피스타치오, 잣, 말린 크랜베리를 넣고 고루 섞는다.
5. 마지막에 참기름, 통깨를 넣고 버무려 낸다.

더하기

잔멸치는 보통 '지리멸'이라고 하는데 손질하지 않고 바로 사용할 수 있다. 멸치는 마른 팬에 볶아 조리하면 비릿한 맛을 없앨 수 있다.

오징어 실채 볶음

말린 오징어를 가늘게 썬 '실채'에 간장과 꿀을 넣어 볶은 일상 반찬.

재료

오징어 실채 300g, 식용유•참기름•통깨 1 큰술씩

양념 재료

진간장•물 2큰술씩, 설탕 2½큰술, 꿀•다진 마늘 1큰술씩, 생강즙 ½큰술

만들기

1. 오징어 실채는 먹기 좋게 2~3등분한 뒤 넓은 팬에 식용유를 두르고 위아래로 뒤집으며 재빨리 볶아 그릇에 담는다.
2. 분량의 양념 재료를 팬에 넣고 어우러지도록 잘 섞은 뒤 1의 오징어 실채를 넣고 한 번 더 볶은 다음 참기름과 통깨를 넣어 마무리한다.

더하기

오징어 실채는 얇아서 쉽게 타기 때문에 재빨리 볶는 것이 중요하다.

말린 도토리묵을 불린 뒤 채소를 더해 볶은 나물은 쫄깃쫄깃하고 탱글탱글한 식감, 그 자체만으로 별미다.

재료

말린 도토리묵 1컵 분량, 삭힌 고추 장아찌 3개, 천리장 2작은술, 들기름 1큰술, 다진 파•참기름 1작은술씩, 다진 마늘 ½작은술, 깨•소금 약간씩

만들기

1. 말린 도토리묵에 자작하게 물을 부어 30분간 불린 뒤 끓는 물에 10분간 삶아 부드럽게 한다.
2. 팬에 들기름을 두르고 1의 도토리묵을 볶다가 천리장, 다진 파, 다진 마늘을 넣어 볶는다.
3. 삭힌 고추 장아찌는 어슷하게 썬다.
4. 볶은 도토리묵에 3의 고추 장아찌와 참기름, 깨, 소금을 넣어 버무려 낸다.

더하기

묵을 쑬 때 윤기나 탄력감을 좋게 하기 위해 기름을 넣기도 하는데, 기름이 들어간 도토리묵을 말리면 시간이 지나면서 기름 묵은내가 날 수도 있다. 도토리묵을 말린 뒤에는 상온에 너무 오래 두지 말고 시원한 곳에 보관해야 한다.

무말랭이 쇠고기 무침

최고의 맛을 내는 가을, 겨울 무렵의 무를 말리면 일 년 내내 달콤하고 아삭한 한창 때의 맛을 누릴 수 있다. 그래서 무말랭이는 늘 전성기다.

재료

무말랭이 300g(무 2개 말린 분량), 쇠고기(우둔살) 200g, 쪽파 5~6줄기, 진간장•물 1 ¼컵씩, 실고추•깨 약간씩

고춧가루 양념 재료

고춧가루 6큰술, 다진 마늘•설탕•올리고당 2큰술씩, 맛술 1큰술, 다진 생강 ½큰술

만들기

1. 무는 굵게 채 썬 뒤 소금물에 넣었다 바로 건져 바람이 잘 통하는 곳에 두고 말린다.
2. 1의 무말랭이를 물에 한 번 씻은 뒤 볼에 넣고 무말랭이가 1/3 정도 잠길 만큼 물을 부어 불린다.
3. 쇠고기는 가늘게 채 썰어 냄비에 담고 진간장과 물을 넣어 졸인다.
4. 쪽파는 3cm 길이로 썬다.
5. 물에 불린 무말랭이는 물기를 꼭 짠다. 3의 쇠고기 조림장과 분량의 고춧가루 양념 재료를 모두 섞은 다음 무말랭이, 쪽파, 실고추, 깨를 넣고 버무려 낸다.

더하기

무는 소금물에 한 번 씻어 말리면 깨끗하고 예쁘게 마른다. 맛술과 올리고당이 다른 음식보다 조금 많이 들어가지만 그렇게 해야 무말랭이 무침에 윤기가 돈다. 넉넉히 만들어두고 밥상에 내기 직전에 참기름과 통깨를 넣고 무쳐 내면 더 산뜻한 맛을 낼 수 있다.

말린 황태를 불리면 연하고 쫄깃한 육질이 모습을 드러낸다. 여기에 쇠고기와 무를 함께 쪄내 깊은 맛을 냈다.

재료

황태포 1마리 분량, 쇠고기(우둔살) 150g, 무 ¼개, 쇠고기 육수 3컵, 잣가루 약간

양념 재료

천리장•다진 파 2큰술씩, 진간장•설탕•다진 마늘•생강즙•참기름 1큰술씩

만들기

1. 황태포는 물을 자작하게 부어 부드럽게 불린 뒤 잔가시는 제거하고 4cm 길이로 자른다. 쇠고기는 굵게 다진다.
2. 냄비에 다진 쇠고기, 황태포, 분량의 양념 재료를 모두 넣고 볶는다.
3. 간이 잘 배면 2에 무를 갈아 넣고 쇠고기 육수를 부은 뒤 약한 불에서 푹 익힌다.
4. 냄비에 국물이 없어질 때까지 졸인 뒤 그릇에 담고 잣가루를 뿌려 낸다.

더하기

황태포는 육질이 부드럽게 되도록 충분히 불린 뒤 조리해야 시간이 지나도 딱딱해지지 않는다. 쇠고기 육수 만드는 방법은 다음과 같다.

쇠고기 육수 만들기

쇠고기는 양지머리나 사태 부위를 준비해 3~4시간 물에 담가 핏물을 뺀다. 끓는 물에 넣고 한 번 끓어오르면 꺼내어 찬물에 헹군다. 냄비에 깨끗한 물을 담고 물이 끓기 시작하면 고기를 넣어 1시간 30분간 삶는다. 삶은 고기는 건져 편육 등으로 내고 육수는 맑게 걸러 따로 보관한다. 온지음에서는 쇠고기 육수를 낼 때 채소를 넣지 않지만 채소를 넣고 싶다면 양파와 대파를 넣고 삶다가 중간에 건져내야 맑은 국물을 얻을 수 있다. 고기의 크기에 따라 끓이는 시간은 달라질 수 있다.

묵은지 절임

신맛이 짙어진 묵은지를 간편하고 색다르게 즐길 수 있는 찬. 고기나 회에 함께 곁들이면 참으로 잘 어울린다.

재료

묵은지 ¼포기, 간장•매실액•맛술 ¼컵씩, 깨 1큰술

만들기

1. 묵은지는 깨끗이 씻어 물기를 없애고 먹기 좋은 크기로 썰어 그릇에 담는다.
2. 간장, 매실액, 맛술을 한데 섞은 뒤 1의 그릇에 차도록 붓고 깨를 넉넉히 뿌려 낸다.

더하기

배추김치가 아니더라도 갓김치 등 푹 익은 김치라면 무엇이든 활용할 수 있다.

김 장아찌

'곱창김'은 오돌오돌 씹히는 질감과 단맛이 좋아 단연코 최고의 김이라 할 수 있다.
여기에 장국물을 더해 만든 김 장아찌는 첫입에는 짜지만 씹을수록 단맛이 난다.

재료

곱창김 50장, 참기름•깨 약간씩

장국물 재료

쇠고기(우둔살) 70g, 물 5컵, 멸치(국물용) ½컵 분량, 다시마(작은 것) 1장, 건고추 2개, 양파 ½개, 대파 ½대, 무 ⅛개, 진간장 2컵, 청장 2큰술, 설탕•올리고당 ½컵씩

만들기

1. 곱창김은 불에 살짝 굽고 장국물에 들어갈 쇠고기는 곱게 채 썬다.
2. 냄비에 물을 붓고 멸치, 다시마, 무, 건고추, 양파, 대파를 넣고 은근한 불에서 끓인다. 끓기 시작하면 다시마를 건지고 30분 정도(국물이 절반 정도 줄어들 만큼) 더 끓인 다음 맑게 걸러 맛국물을 만든다.
3. 2의 맛국물에 진간장, 청장, 올리고당, 설탕, 1의 채 썬 쇠고기를 넣고 중간 불에서 10분 정도 끓인 뒤 한 김 식힌다.
4. 볼에 곱창김을 넣고 3의 장국물을 붓는다.
5. 밥상에 내기 전 참기름과 깨를 넣고 조물조물 버무려 낸다.

더하기

곱창김은 김밥김보다 조직이 부드러워 쉽게 풀어져 먹기에 훨씬 편하다. 김 장아찌를 차가운 맛국물에 풀고 송송 썬 실파를 뿌려 내면 별미 김 냉국이 된다.

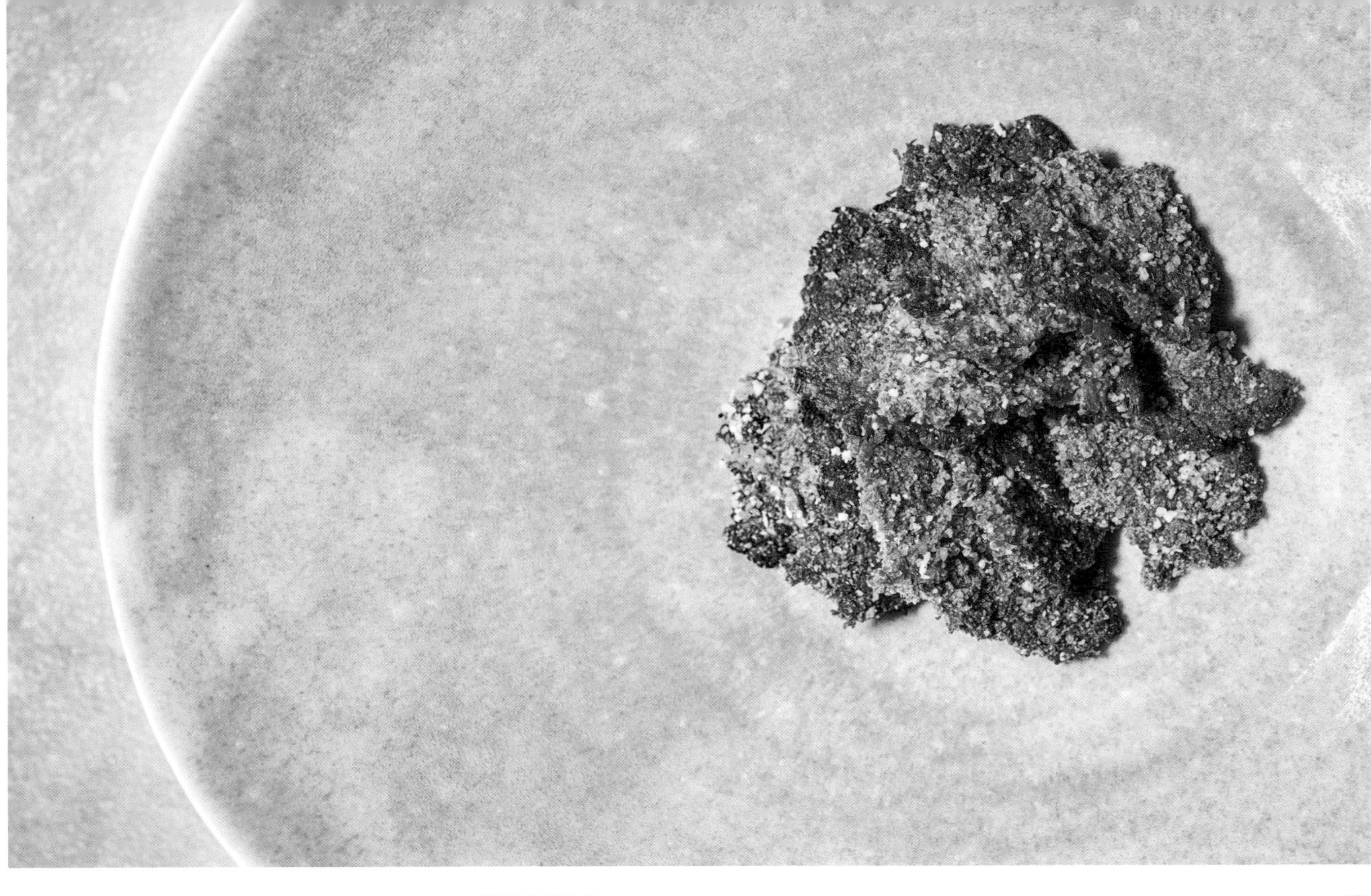

'천리찬(千里饌)'은 맛이 변하지 않아 먼 길을 떠나는 사람에게 싸 주는 반찬이라는 뜻을 담고 있다. 쇠고기에 양념장을 덧바르며 두드려 구운 천리찬은 이름에 새겨진 사려 깊은 마음처럼 그 맛 또한 진하고 부드럽다.

천리찬

재료

쇠고기(우둔살) 400g, 잣가루 2큰술

쇠고기 양념 재료

진간장 • 다진 파 1½큰술씩, 설탕 • 참기름 • 깨 1큰술씩, 다진 마늘 ⅔큰술, 후춧가루 약간

양념장 재료

진간장 • 참기름 1큰술씩

만들기

1. 쇠고기를 얇게 뜬 뒤 분량의 쇠고기 양념 재료를 넣고 간이 잘 배도록 버무린다.
2. 너무 뜨겁지 않은 팬에 양념한 쇠고기를 올려 반쯤 익힌다. 익힌 고기를 도마 위에 올려 칼로 자근자근 두드린다.
3. 2의 쇠고기에 양념장 재료를 섞어 바르고, 다시 두드리는 과정을 3번 정도 반복한 다음 팬에 굽거나 석쇠에 올려 굽는다.
4. 바싹 구운 고기를 다시 한 번 칼로 누드려 표면이 자연스럽게 갈라지면 완성. 마지막으로 잣가루를 뿌린 뒤 접시에 담아낸다.

더하기

천리찬은 넓게 편 고기를 여러 번 두드려 고기의 섬유를 끊어 부드럽게 만드는 것이 핵심이다.

쪽파 굴 김치

알이 꽉 찬 제철 쪽파에 싱싱한 굴을 넉넉히 넣고 담근 김치. 굴과 채소가 함께 발효되어 삭은 맛이 일품이다.

재료

굴 1kg, 쪽파 1단, 미나리 1줌 분량, 무 ¼개, 배 ⅓개, 대추 10개, 밤 5개, 청•홍고추 2개씩, 굵은소금 2큰술

김치 양념 재료

고춧가루 1½컵, 멸치 액젓•찹쌀풀 ⅔컵씩, 진간장•다진 마늘 2큰술씩, 간 생강 ½큰술, 소금•통깨 약간씩

만들기

1. 쪽파는 너무 굵지 않은 것으로 준비한다. 하루 전날 넓은 볼에 쪽파를 펼쳐 담고 굵은 뿌리 쪽을 멸치 액젓에 담갔다가 어느 정도 절여지면 줄기까지 담가 절인다.
2. 절인 쪽파는 3~4cm 길이의 족두리 모양으로 돌돌 만다.
3. 무는 껍질을 벗기고 작게 나박나박 썰어 볼에 넣고 굵은소금을 뿌려 30분 정도 절인 뒤 체에 밭쳐 물기를 뺀다.
4. 배는 껍질을 벗긴 뒤 무와 같은 크기로 썰고 밤은 껍데기를 벗겨 편으로 도톰하게 썬다. 대추는 돌려 깎아 채 썬다.
5. 고추는 씨를 빼지 않고 반으로 갈라 어슷하게 썰고 미나리는 4~5cm 길이로 썬다. 굴은 깨끗이 손질해 흐르는 물로 헹군다. 찹쌀가루와 물을 1:3의 비율로 맞춰 찹쌀풀을 쑨다.
6. 큰 볼에 굴과 절인 무, 고춧가루, 통깨, 찹쌀풀을 넣고 버무린 뒤 쪽파, 준비한 채소와 과일, 나머지 김치 양념 재료를 모두 넣고 골고루 버무려 낸다.

더하기

쪽파가 잘 말리지 않을 때는 굵은 뿌리 쪽을 약간 자르면 쉬이 말 수 있다. 쪽파 마는 일이 번거로울 때는 멸치 액젓에 절인 파를 3cm 길이로 썰어 담가도 좋다.

다시마 튀각

튀각은 마른 재료를 기름에 넣어 바로 튀겨낸 것인데, 다른 나라에선 흔히 볼 수 없는 우리만의 독특한 튀김 요리다.

재료

다시마 1장, 식용유 적당량, 설탕•잣가루 약간씩

만들기

1. 얇고 짠맛이 덜한 다시마를 준비한다. 면포에 물을 살짝 묻혀 다시마 겉에 묻은 하얀 염분을 닦아내고 3×3cm 크기로 썬다.
2. 깊은 팬에 식용유를 부어 190℃의 고온일 때 다시마를 담가 빠르게 튀긴다.
3. 튀긴 다시마에 설탕을 살짝 뿌린다.
4. 식탁에 낼 양만큼 그릇에 담고 곱게 다진 잣가루를 뿌려 고소한 맛을 더한다.

더하기

다시마를 튀길 때는 온도를 맞추는 게 매우 중요하다. 낮은 온도에서 튀기면 바삭하지 않고 너무 뜨거우면 바로 까맣게 타버리기 때문. 튀긴 다시마에 설탕을 뿌리면 짠맛을 부드럽게 해주는데, 설탕 대신 꿀을 발라도 좋다. 단, 꿀은 튀각을 눅눅하게 할 수 있으니 바로 먹을 것에만 사용해야 한다.

생땅콩 조림

생땅콩에 간장을 넣어 윤기 있게 조린 것. 땅콩 수확 시기에만 만들 수 있으며 생땅콩의 고소함을 오래 즐길 수 있는 찬이다.

재료

생땅콩 2컵 분량, 멸치(중간 크기) 20마리, 참기름 약간

간장물 재료

진간장 3큰술, 설탕•조청 1큰술씩, 물 1컵, 올리고당 2큰술

만들기

1. 생땅콩은 끓는 물에 껍질째 넣고 중간 불에서 5분 정도 삶은 뒤 건져낸다.
2. 멸치는 머리와 내장을 뗀 뒤 마른 팬에 올려 살짝 볶는다.
3. 냄비에 분량의 간장물 재료를 모두 넣고 한소끔 끓인 뒤 삶은 땅콩을 넣고 조리다가 간장물이 거의 다 졸았을 때 볶은 멸치를 넣고 섞은 다음 참기름 한 방울을 떨어뜨려 버무려 낸다.

더하기

견과류 조림은 다른 음식에 비해 단맛이 나는 설탕, 올리고당 등을 사용해 윤기를 주고 먹음직스럽게 하는데, 단맛을 좋아하지 않는다면 조청을 원하는 양만큼 사용해 담백하게 즐길 수도 있다.

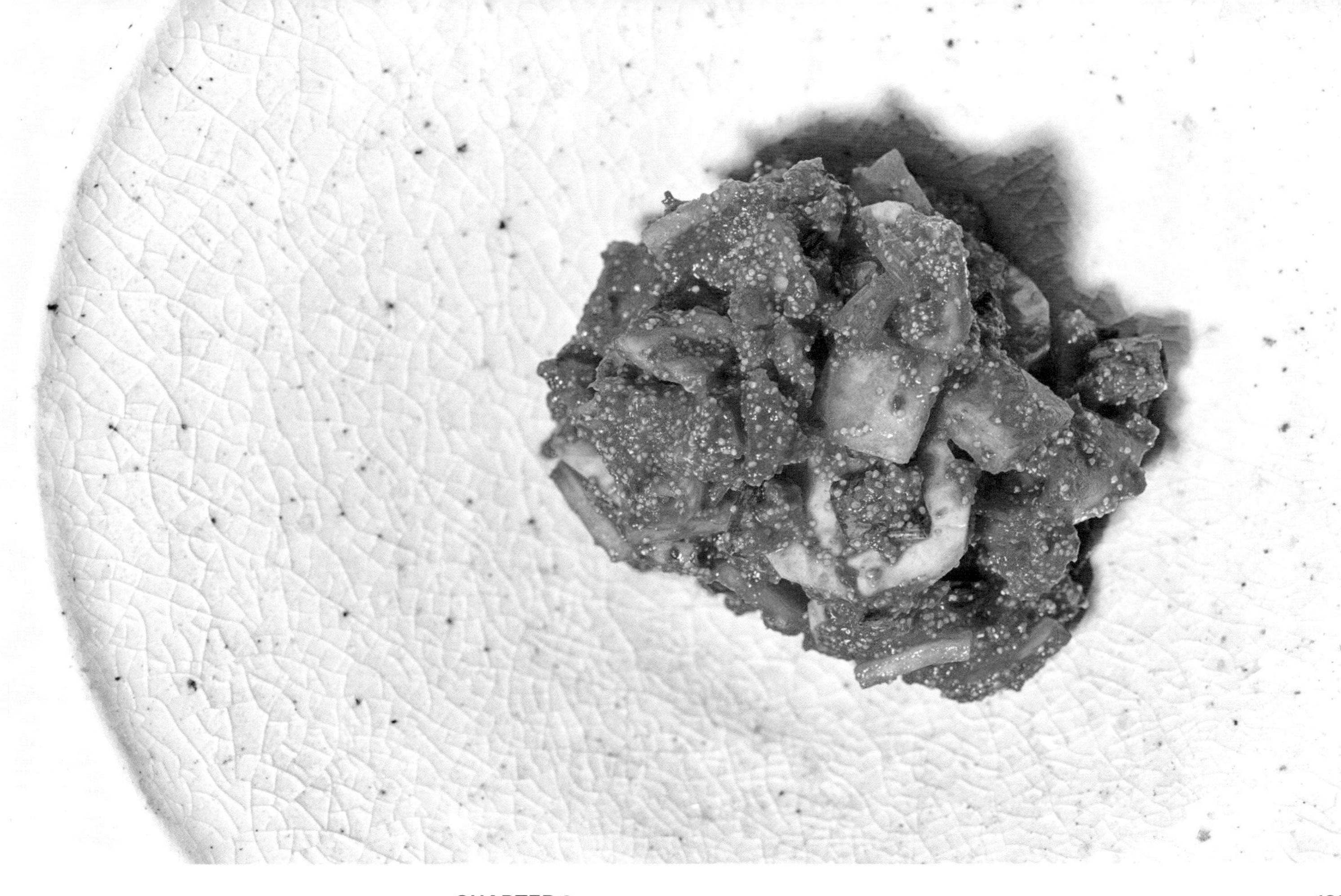

대구알젓

살 오른 겨울 대구를 구하면 꽉 찬 알은 덤으로 얻는다. 신선한 대구알을 젓갈로 담가두면 오래 두고 휘뚜루마뚜루 다양하게 즐길 수 있다.

재료

대구알 1kg, 굵은소금 1 ¼컵, 쪽파 7~8줄기, 무 ½개, 밤 5개

양념 재료

고춧가루 ⅔컵, 멸치 액젓 2큰술, 다진 마늘 3큰술, 간 생강 1큰술

만들기

1. 볼에 대구알과 알 무게의 20% 정도 분량의 굵은소금을 넣고 3~4시간 재운다.
2. 재운 대구알을 꺼내 하루 동안 물에 담가 짠맛을 빼고 알의 껍질을 벗긴다.
3. 무는 사방 2cm 크기로 깍둑썰기해 굵은소금을 뿌린 뒤 숨이 죽으면 물기를 짠다.
4. 밤은 껍데기를 깐 뒤 무와 같은 크기로 썰고 쪽파는 3cm 길이로 썬다.
5. 볼에 2의 대구알과 분량의 양념 재료를 모두 넣어 잘 섞은 다음 썰어둔 무, 밤, 쪽파를 넣고 한 번 더 섞어 낸다.

더하기

대구알젓은 김치 담글 때 넣기도 하고 한 숟가락 가득 떠서 알찌개나 달걀찜을 만들 때 맛 내는 재료로 쓸 수 있다. 온지음에서는 회에 곁들이는 쌈장처럼 내기도 한다.

중탕 된장

서울 반가 음식의 전통을 잇는 어르신께 배운 조리법. 장을 끓이면 간이 세지기 마련인데, 오랜 시간 중탕을 하니 짠맛은 줄고 달큼한 감칠맛은 짙어진다.

재료

된장 2큰술, 고추장 1큰술, 쇠고기(우둔살) 50g, 멸치(국물용) 3마리,
양파•풋고추•생강 1개씩, 대파 ¼대, 설탕•다진 마늘 1작은술씩, 고춧가루 ½작은술

만들기

1. 멸치는 머리와 내장을 떼고 잘게 찢는다. 쇠고기는 곱게 다진다.
2. 양파는 큼직하게 썰고 풋고추와 대파는 어슷하게 썬다. 생강은 편으로 썬다.
3. 스테인리스 볼이나 사기그릇을 준비해 손질한 재료와 나머지 재료를 모두 담고 잘 섞는다.
4. 냄비에 물을 붓고 3의 볼을 올린 뒤 약한 불에서 1시간 동안 중탕한다.

더하기

쇠고기 대신 조개를 넣고 중탕해도 색다른 장을 만들 수 있다. 비빔밥이나 채소 쌈을 싸 먹을 때 곁들이는 장으로 활용할 수 있다.

육포 고추장 조림

자투리 육포를 고추장에 넣고 중탕해 조림을 만들면 밋밋한 음식에 풍미를 더해주는 곁들임 찬이 된다.

재료

육포 3~4장

양념장 재료

고추장 ½컵, 고운 고춧가루 • 꿀 • 다진 마늘 • 생강즙 1큰술씩, 맛술 3큰술, 올리고당 2큰술, 통깨 약간

만들기

1. 육포는 잘게 잘라 마른 팬에 살짝 구운 뒤 분쇄기에 곱게 간다.
2. 간 육포를 볼에 담고 분량의 양념장 재료를 넣어 고루 섞는다.
3. 냄비에 물을 붓고 2의 볼을 올려 1시간 동안 중탕한다.

더하기

마른 육포를 갈아 양념한 것이기에 질감이 거친데 중탕을 하면 촉촉하고 부드러워진다. 고기에 쌈을 쌀 때 곁들이는 장으로, 마늘종 같은 단단한 채소를 데친 뒤 무치는 양념장으로 사용할 수 있다.

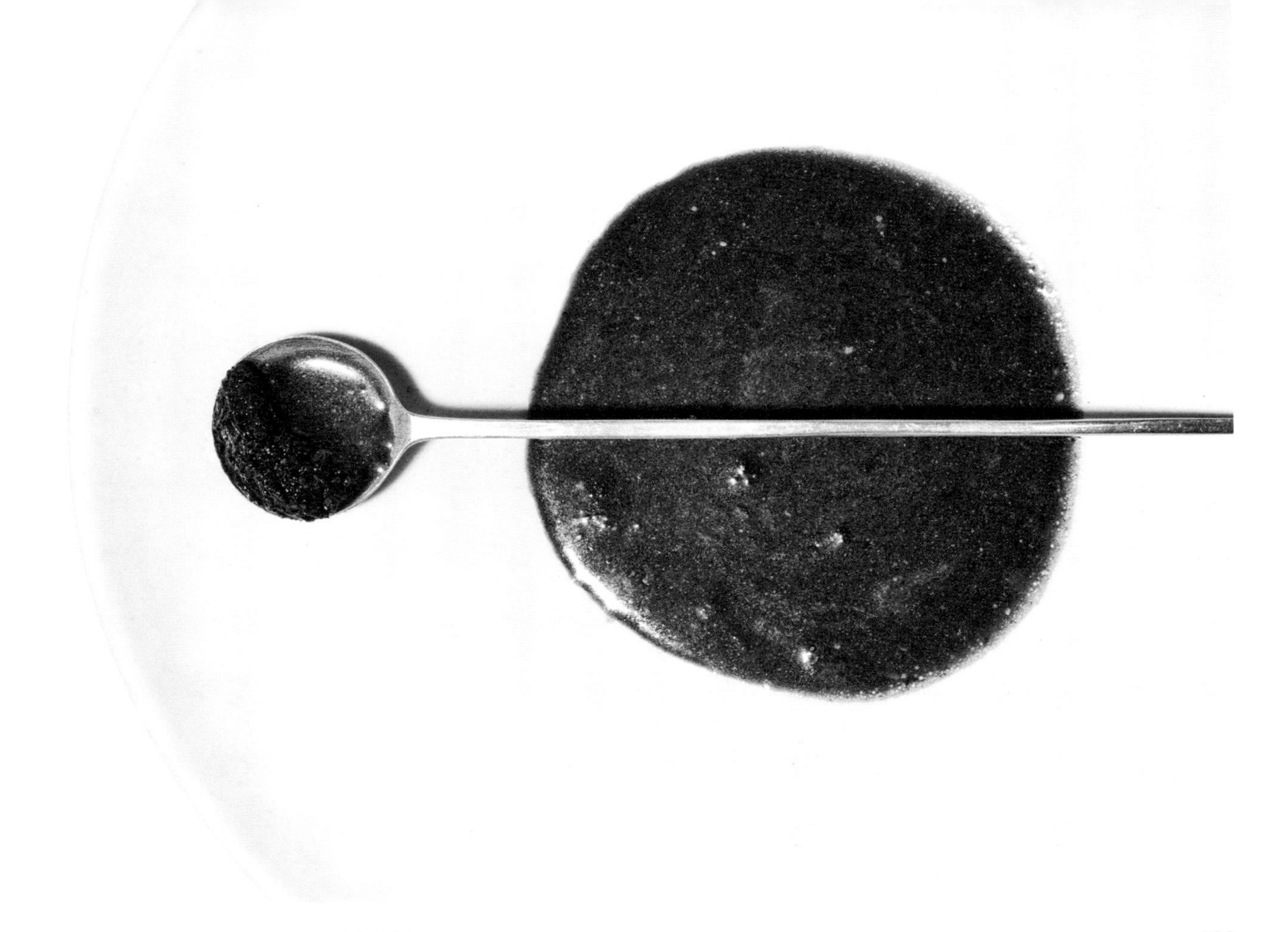

천리장

옛 조리서에 기록되어 오래도록 전해 내려오는 간장의 한 종류. 맛이 단 간장에 삶은 쇠고기를 넣어 함께 졸인 것으로, 온지음에서는 문장으로만 존재했던 천리장을 그대로 재현해냈다.

재료

쇠고기(우둔살) 2kg, 청장•쇠고기 육수 15컵씩

만들기

1. 쇠고기는 덩어리로 크게 자른 뒤 2~3시간 물에 담가 핏물을 뺀다.
2. 끓는 물에 쇠고기를 넣고 한 번 끓어오르면 물을 따라 버린 뒤 냄비에 쇠고기 부피의 2배 정도 되는 물을 채워 넣고 1시간 30분간 삶는다.
3. 푹 삶은 쇠고기는 건져 기름을 제거하고 큼직하게 자른 뒤 손으로 잘게 찢은 다음 체에 펼쳐놓아 선풍기 바람으로 말린다. 육수는 맑게 거른다.
4. 말린 쇠고기는 분쇄기에 넣어 곱게 간다.
5. 냄비에 청장과 동량의 쇠고기 육수, 간 쇠고기를 넣고 약한 불에서 수위가 반 정도 줄어들 때까지 졸인다.

더하기

너무 센 불에서 끓이지 말고 약한 불에서 은근하게 졸여야 간장과 육수가 서로 하나가 되듯 맛이 잘 든다.

쇠고기장

쇠고기장은 생고기에 청장을 넣어 고기 맛이 우러나게 한 뒤 끓여낸 것이다. 귀한 쇠고기가 듬뿍 들어갔으니 보통 간장과 달리 감칠맛이 좋을 뿐 아니라 오래 끓여 농도를 진하게 해 두고두고 즐길 수 있다.

재료

쇠고기(우둔살) 1kg, 청장 10컵

만들기

1. 쇠고기는 곱게 다진다. 냄비에 곱게 다진 쇠고기를 넣고 청장을 함께 부어둔다.
2. 3일이 지난 뒤 1의 냄비를 불에 올려 약한 불에서 은근하게 끓인다. 청장이 반 정도 줄었을 때 불에서 내려 식힌다.
3. 완성한 쇠고기장은 용기에 보관해 찜, 나물 등 요리의 맛을 낼 때 사용한다.

더하기

쇠고기장에 들어가는 쇠고기는 간장과 함께 끓인 뒤 음식에 사용하기 때문에 곱게 다지는 것이 좋다. 보통 간장 대신 사용하면 적은 양으로도 깊은 맛을 낼 수 있다.

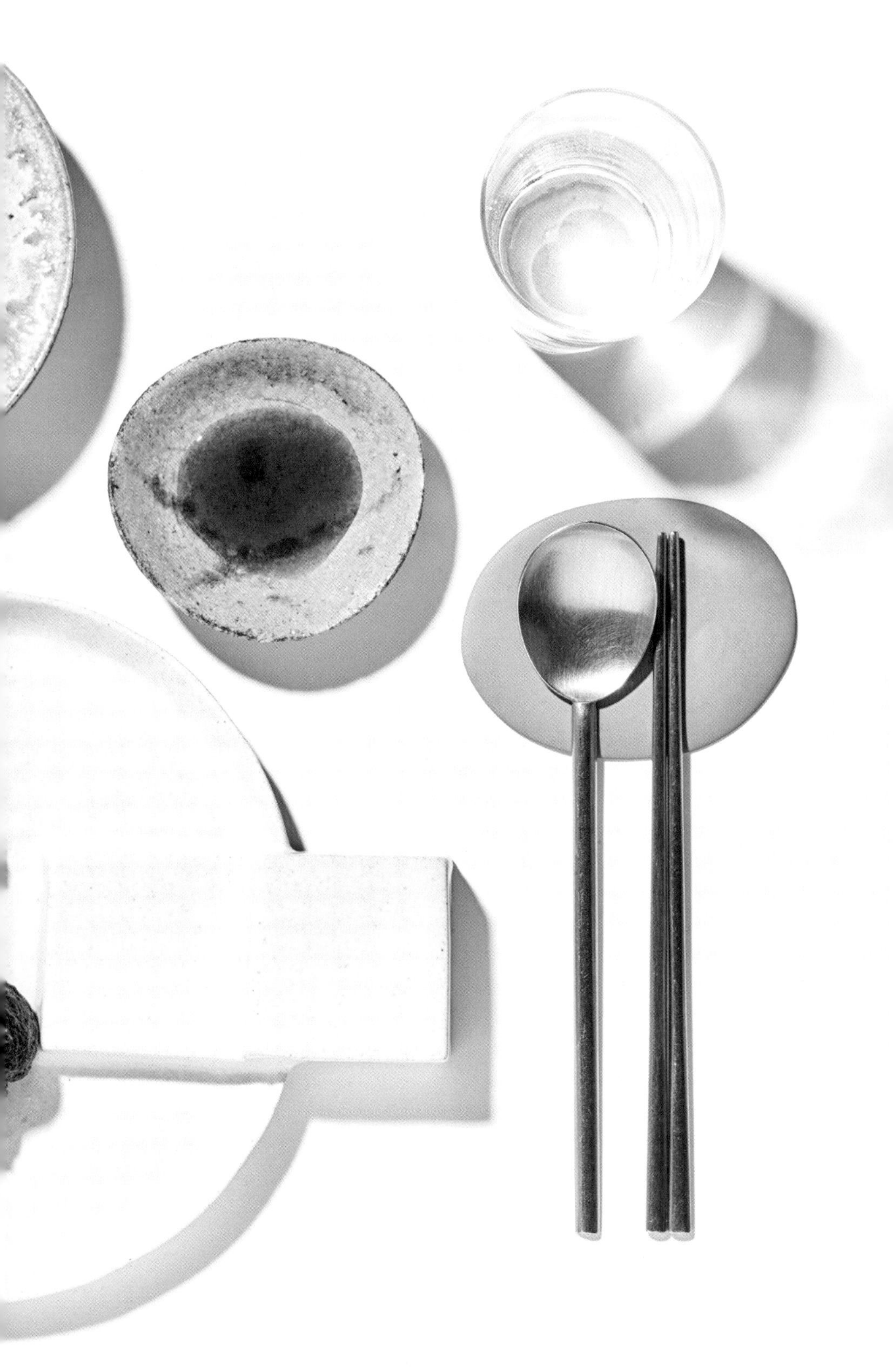

찬

초판 1쇄 발행 2019년 6월 19일
3쇄 발행 2021년 4월 2일

펴낸곳 (재)월드컬처오픈 화동문화재단 부설 전통문화연구소 온지음
펴낸이 홍정현
주소 서울시 종로구 효자로 49
전화 02-725-6613
홈페이지 www.onjium.org

진행 온지음 기획실 / 강혜경 윤선민
요리 온지음 맛공방 / 조은희 박성배 안태용 심수정 민광필 정원식
이승립 박혜인 이순영
자문 정혜경 호서대학교
에디터 조한별 sik_kuu.
사진 민희기 namu studio
디자인 Studio KIO
일러스트 Thibaud Hérem
교정 이완숙
인쇄 삼화인쇄
도움 주신 곳 알부스갤러리 Albus Gallery
양유완 Mowani Glass
윤현상재 YOUNHYUN
팀블룸 Thimbloom

제작 중앙일보에스(주)
등록 2008년 1월 25일 제2014-000178호
주소 (04513) 서울시 중구 서소문로 100(서소문동)
문의전화 02-2031-1165

ISBN 978-89-278-1015-5(13590)

이 도서의 국립중앙도서관 출판예정도서목록(CIP)은 서지정보유통지원시스템
홈페이지(http://seoji.nl.go.kr)와 국가자료종합목록시스템(http://kolis-net.nl.go.kr)
에서 이용하실 수 있습니다. (CIP제어번호 : CIP2019018691)